放送禁止 ザ・タブー

山下浩一朗＋左文字右京［編］

鉄人文庫

本書は株式会社三才ブックスより刊行された『実録 放送禁止作品』（2008年2月1日発行）、『実録 放送禁止映像 全真相』（2008年6月1日発行）、『真説 放送禁止作品』（2009年4月1日発行）、『放送禁止 ザ・ベスト』（2010年7月1日発行）、『完全版 放送禁止作品』（2011年6月1日発行）、『放送禁止 ザ・タブー』（2012年4月1日発行）などに掲載された原稿に、書き下ろしの原稿を加えて文庫化したものです。

初出誌の原稿は、本書への所収にあたり修正・改稿されています。

放送禁止　ザ・タブー

前書き

作品をめぐる規制の境界線は
常に変化していく。
かつてのタブーがやがてタブーではなくなる時に
また新たな規制が誕生する。
リアルをリアルに描けない世界。
事実を嘘に、嘘を事実に。
その作品を放送禁止と誰が決めたのだろう。
なぜ消えたのか、誰が殺すのか。
真相はどこにある……。

目次

第4章　洋楽

文中の敬称は省略させていただきます。

本書では、今日では好ましくないとされる用語を一部使用しています。
しかし、本書の企画意図と、紹介している作品が発表された時代背景に鑑み、削除や訂正は行っておりません。（編集部）

第1章

テレビ

実は生きていた？山中に消えた裸の大将

『裸の大将 放浪記』第13話「ボクは富士山に登るので」
放送日：1983年7月10日／製作：東阪企画、関西テレビ／放送局：フジテレビ系／演出：松本明／脚本：山田隆之／出演：芦屋雁之助、高見知佳、犬塚弘、喜味こいし、日高澄子、森繁久彌、高城淳一、丹古母鬼馬二ほか（54分／カラー）

このテレビドラマは、日本のゴッホとも呼ばれている天才画家・山下清の半生を追うものだ。塚地武雅（ドランクドラゴン）が演じた山下清を記憶している方も多いだろうが、当初のシリーズで彼を演じていたのは、見た目が似ているために抜擢されたという喜劇役者・芦屋雁之助。彼の名演技は日本中に笑いと感動を与え、予想をはるかに超えた視聴率を獲得している。

なお、雁之助は２００４年に他界（享年72歳）した。くしくも彼の死と同年、神戸サンテレビでの再放送にて、第13話「ボクは富士山に登るので」が未放送となる。それが最終話であるにもかかわらず。雁之助・山下清が富士山に登るも途中で力尽きて他界するという、最終話にふさわしい内容なのだが……。しかも同話は、ビデオ全集にも収録されていない。2008年発売のDVD-BOXに映像特典として収録されるまで、このエピソードだけ存在が消えていたのである。

『裸の大将 放浪記』の放送は、最終話以降も続けられている。これは一体どういうことか。答えは単純である。要するに「雁之助・山下清が他界した」という事実を捨てたのだ。そうしなければ、後のエピソードとの辻褄が合わなくなってしまう。そのため再放送では未放送となり、ビデオでは欠番とされていたのである。

何度も再放送されるテレビドラマでは、このような措置が取られることも多い。例えば『水戸黄門』においても、東野英治郎が水戸黄門を演じていた時代のエピソードに、後に水戸黄門を演じる西村晃が出演しているもの（第3部の第4話「人狩り」、第11部の第8話「泥棒助けた黄門様」など）が再放送されていない。

第13話を収録したDVD-BOX『裸の大将』下巻（キングレコード）

『裸の大将 放浪記』のテレビシリーズが復活するまでの経緯を説明しておこう。雁之介の年齢が山下清の享年を超えたため初期シリーズは終了したのだが、絶大な人気を獲得した同作を、放送局やスポンサーがこのままにしておくはずはない。しかし雁之介は「山下清を演じた役者」としてしか見られなくなることを嫌い、再度演じようとはしなかった。そんなある日、宇野重吉から「役者の人生で、当たり役を持てるのは幸せなことだ」と言われ、彼は意識を変える。そして復活したこの作品は、雁之介の念願でもあるスペインでの撮影が実現した第83話で、完全な最終話を迎える。

なお、小林桂樹主演の映画版『裸の大将』（1958年公開）は、1960年代にNHKでの放送を予定していたが「精神薄弱者が主人公であるため」という作品の表面しか見ていない、内容を無視したとんでもない理由で放送が見送られた。

突然の番組終了と現場の苦悩

『ダウンタウンのごっつええ感じ』
放送期間：1991年12月8日〜1997年11月2日（全245回）／製作：フジテレビ／放送局：フジテレビ系／演出：竹島達修／出演：浜田雅功、松本人志、今田耕司、東野幸治、板尾創路、蔵野孝洋、YOU、西端弥生、松雪泰子、篠原涼子ほか（54分／カラー）

トーク中心のバラエティ番組が増える理由は、制作費を浮かそうというテレビ局の狙いもある。それらの番組では、タレントを集めての一発撮りや、数回分をまとめて収録するのも珍しくはない。これはグルメ番組やクイズ番組も同様だ。

民放キー局5社の連結決算を見ると、近年の広告収入は減少傾向にある。インターネット広告の普及などが、その主な原因だ。そして約10年前に、民放各局は経費削減を進める一方、DVDの販売や映画事業への投資、イベントの開催などにも力を入れる方針を打ち出した。

民放各局は広告収入の増加を目指しているが、それは視聴率偏重主義の傾向を強めるということだ。そしてトーク中心のバラエティ番組で視聴率を取るには、数字を持っているタレントが必要になる。その結果、人気お笑い芸人やアイドルグループの冠を付けた、同じような番組が量産されてしまう。また、人気タレントの確保を目的に、彼らが所属するプロダクションに向けたおべっか番組も生まれ、多数の番組がさらに個性を消し均質化していく。スポンサーを気にするあまり無菌室化も進み、可もなく不可もなく、有害でも俗悪でもない無難な番組が制作されるというわけだ。

数字を持つタレントの1人、松本人志は『ダウンタウンのごっつええ感じ』の終了に伴い「本当に面白いことはもうテレビではできない」と発言した。このコント番組は「下品」「いじめを助長する」とPTA方面からのクレームが多く、さらに松本ボイコット事件やコント打ち切り事件などのトラブルも尽きなかったが、一時はフジテレビの番組中、視聴率トップを飾ったこともある。だが、視聴率の低迷が続いていた1997年、スペシャル版の放送を予定していたものの、フジテレビが球団株を持つ東京ヤクルトスワローズのセ・リーグ優勝決定試合に差し替えられた。その件に関して松本は抗議。双方の話し合いは折り合いが付かず、番組は突然終了した。

前出の松本の発言は『ダウンタウンのごっつええ感じ』終了後に放送された特別番組が、裏番組である『ジャニーズ大運動会』（TBS）に惨敗したのを受けてのものだ。具体的に何を意図しているのかは不明だが、以降はダウンタウンの純粋なコント番組が制作されていないことから、自主規制などのさまざまな制約に対するクリエイターの本音を述べたと推測できる。

実際、お笑い番組に対するクレームは多数寄せられており、過去に『めちゃ×2イケてるッ！』（フジテレビ）の「七人のしりとり侍」や『おネプ！』（テレビ朝日）の「祈願成就！ 出張ネプ投げ」がクレームにより封印された。クレームの内容は、前者が「いじめを助長する」、後者が「女性蔑視のセクハラまがい」というものだ。それらのクレームが寄せられた放送倫理・番組向上機構（BPO）は、ホームページで視聴者側と番組側、双方の見解を公開した。ただ、視聴者側の意見、それに対する番組側の建前の解答を読む限り、テレビの将来は暗いと思わざるを得ない。

視聴率とクレームの狭間で、最も頭を悩ませているのは、番組を制作するクリエイターたちなのだろう。

『悪魔のKISS』封印された常盤貴子の裸体

『悪魔のKISS』

放送期間：1993年7月7日～9月22日（全12話）／製作：フジテレビ、イースト／放送局：フジテレビ系／演出：林徹、上川伸廣／脚本：吉田紀子／音楽：長谷部徹／出演：奥山佳恵、深津絵里、常盤貴子、大鶴義丹、寺脇康文、西島秀俊ほか（54分／カラー）

テレビドラマは時折、お宝映像を生み出す。ただ、そのお宝映像が原因で封印されてしまう作品も存在する。

かつて「最も視聴率を取れる女優」「CMの女王」などと呼ばれ、多数のテレビドラマに出演していた常盤貴子。彼女がブレイクする切っ掛けになったのが『悪魔のKISS』だ。主演は当時まだ新人の奥山佳恵であり、彼女の脇には深津絵里と常盤貴子が据えられた。新興宗教にはまる深津とカードローン地獄に陥る常盤、そんな彼女たちに翻弄されながらも奮闘する奥山。3人の間に毎回のように刺激的な事件が起こる、かなりスリリングな展開のストーリーである。

そんな本作は「常盤が初のメインキャストを務めた」という重要な要素があるにもかかわらず、DVDはもちろんビデオも発売されていない。さらに再放送もなかなかされない。どうしてそのような事態になっているのか。それは常盤が裸体を披露しているからだと言われている。そのため、常盤の所属事務所がソフト化の許可を出さないのだ。同事務所がそのように発表しているわけではないため断定はできないが、芸能通の間では有名な話であり、それはすでに業界の常識になりつつある。

さて、問題の場面を詳細に再現してみよう。

それは第2話「凍りついた未来」で描かれる。カードローン地獄に陥っている常盤は、借金を返済するためファッションヘルス嬢に。風俗広告では、彼女を「現役女子大生Fヘルス嬢・みさをちゃん」と紹介している。そして問題の場面は、同話が終了する間際に登場。赤色の下着を身に付けただけの常盤（着替えシーンあり）は、客からの指名を待つ。彼女を指名するというラッキーな役を演じている

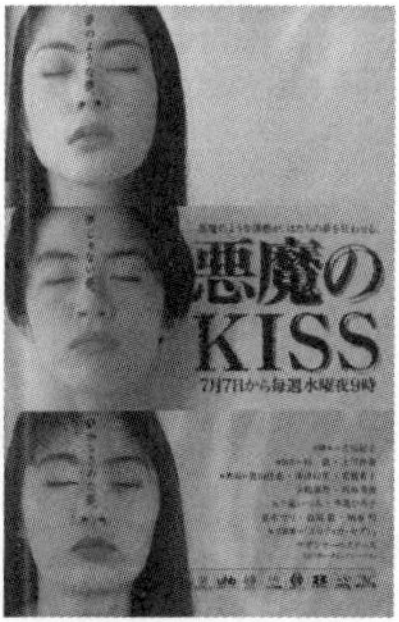

放送開始を告知する当時の雑誌広告

のは、寺脇康文だ。常盤と一緒にシャワーを浴びながら、歯を磨く寺脇。奥山はその頃、親友である常盤を必死に探し回っていた。そして寺脇は、常盤からバスタオルを剥ぎ取る。露になる彼女の胸（美巨乳系）。常盤は不安と緊張のためか、怯えたような表情を浮かべている。乳房を鷲掴みにして押し倒し、胸に顔を埋める寺脇。サザンオールスターズによる主題歌『エロティカ・セブン』が流れる中で「つづく」。

当初、常盤の役柄には松雪泰子が予定されていたようだが、彼女が拒否したために常盤が選ばれたのだという。このキャスティング、個人的には正解だ。

封印ドラマ『ギフト』復活に至るまでの経緯

『ギフト』
放送期間：1997年4月16日～6月25日（全11話）／製作：フジテレビ／放送局：フジテレビ系／演出：河毛俊作、澤田鎌作ほか／脚本：飯田譲治、井上由美子／出演：木村拓哉、室井滋、小林聡美、篠原涼子、今井雅之、倍賞美津子、忌野清志郎ほか（54分／カラー）

ごたごた続きのジャニーズ帝国。その切っ掛けはSMAPの分裂騒動だった。事務所に残留した中居正広と木村拓哉には、世間からの逆風にも似た厳しい視線が突き刺さっている。また、たびたび2人の確執も伝えられた。その一方、未だに再結成を望む声も根強くあるなど、ファンのショックの深さが分かる。

「SMAPを守ろうとしなかった」という理由で、木村を解散の戦犯と見なす人もいるようだ。ただ、木村が騒動後にソロ活動を控えていたことは、その噂に信憑性を与えていた。騒動によるイメージダウンに加え、老化や劣化を指摘する声も少なくないが、それでも解散後の主演ドラマ『A LIFE 愛しき人』（TBS）と『BG 身辺警護人』（テレビ朝日）は、いずれも平均視聴率14％超えと抜群の安定感。「誰を演じてもキムタク」と言われながら、未だにキムタク健在を実証してみせた。

また、2019年1月公開の映画『マスカレード・ホテル』は、興行収入46億円という好記録を達成。木村は今後のソロ活動に関して、足場を固めた格好になった。

そんな最中に誰もが驚いたのが、封印ドラマ『ギフト』の実に22年越しのブルーレイ&DVD化だった。

同作は木村が演じる記憶喪失の青年が、さまざまなギフトの配達を請け負いながら過去の記憶を蘇らせていくという物語。平均視聴率18・2％は当時のキムタクドラマにしては低めだが、中身のない恋愛作品が乱立する中で、ミステリー調の筋立てと豪華な出演陣が織り成す良質のドラマは高い評価を得た。しかし、これもトレンドリーダーの悲しい宿命か、主人公の過去の記憶を象徴する小道具として登場するバタフライナイフが、ファッションアイテム化してしまったのだ。

そして1998年1月、栃木県黒磯市（現・那須塩原市）の中学校で、ある事件が発生する。13歳の男子生徒が授業態度を注意されたことに腹を立て、持っていたバタフライナイフで女性教諭をめった刺しにして殺害したのだ。

ドラマの影響力を数値で表すのは不可能だが、実際に日本各地でバタフライナイフを用いた少年犯罪が増加していたのは事実で、この殺人事件が起きたのは警視庁が販売自粛を求めていた矢先の出来事だった。また事件の4日後には、東京都江東区で中学3年生の少年が、拳銃を強奪しようと交番を襲撃する事件が発生。犯人の少年が手にしていた凶器も、やはりバタフライナイフである。

その後、女性教諭を刺殺した生徒が「バタフライナイフを携行していたのは『ギフト』の木村が格好良かったから」と供述したことが報道されるに及ぶ。すると東海テレビは再放送を急遽中止、仙台放送でも再放送が白紙になるなど自粛の動きが広がり始め、以降、同作は封印されてしまったのである。

擁護すれば、そもそもバタフライナイフ＝不良の定番アイテムというのは、何も同作が元祖ではない。また『ギフト』におけるバタフライナイフは、記憶を失った主人公の

ブルーレイBOX『ギフト』（ポニーキャニオン）

狂気性を象徴的に表す効果的な小道具だった。ただ、ロン毛やレザーダウン、バイクTW250など、何事もブームにしてしまう木村が使っていなければ、少年がバタフライナイフに魅せられることもなかっただろう。

『ギフト』が封印された理由は自主規制である。しかし、再放送の中止以降も公式のアナウンスはなく、メディアも詳細を報じなかった。その結果として「バタフライナイフを使用した、とんでもない暴力表現があったのではないか」という誤解が生まれてしまう。

まさに臭いものにフタ。封印作品は忖度に継ぐ忖度によって、その存在を悪い方向に際立たせているのだ。しかし封印作品は、永久に封印されるものではない。それが今回、改めて分かった。封印解除の障壁は、深刻ではない場合もあるわけだ。

なお2018年には、木村主演のドラマ2作『ロングバケーション』『ラブジェネレーション』もブルーレイ化された。そして映画『マスカレード・ホテル』はフジテレビも製作に名を連ねている。早い話が『ギフト』のソフト化は、月9ドラマのアーカイブを利用した、木村拓哉プロモーションの一環にすぎないのだ。

ＳＭＡＰの解散後、鳴り物入りで公開された映画『無限の住人』（２０１７年）は「興行収入１００億円も狙える」という掛け声も空しく、興行収入８億円を割り込む大惨敗。映画『検察側の罪人』（２０１８年）は興行収入27億円と健闘したが、いわゆる往時の木村の威光は見るべくもない。彼が若者のカリスマだったアイドル時代は遠い過去の話であり、今や封印ドラマも自身のプロモーションに使用するベテランタレントになったということだ。

『ギフト』のソフト化は、ＳＭＡＰ解散の余波とも言えるだろう。それでは元ＳＭＡＰメンバーのほかの封印作品も、今後蘇る可能性があるのだろうか。そんな期待をしてみたところで、事務所移籍に伴う問題が立ち塞がり、大人の事情で新たな封印作品が誕生している可能性が大だ。

気鋭の深夜エロ特撮 本当に消えた透明少女

『透明少女エア』

放送期間：1998年2月21日〜3月28日（全6話）／製作：テレビ朝日／放送局：テレビ朝日系／原作：長坂秀佳／演出：長坂秀佳、中嶋豪／脚本：長坂秀佳、岩片烈、吉田玲子／出演：海真澄（現・甲斐ますみ）、堀江慶、仲間由紀恵、来栖あつこほか（30分／カラー）

映画『インビジブル』（監督：ポール・バーホーベン）でも描かれたように、透明人間は宿命的にエロとの関係がものすごく深い。漫画『Oh！透明人間』（画：中西やすひろ）も同様である。仮に透明人間になる能力を手に入れたら、やることはひとつだけ。それは万国共通だ。

しかし、透明人間が女性の場合は一体何をするのだろうか……。男湯に忍び込むのかイケメンの寝込みを襲うのかは分からないが、確実に言えるのは、その透明人間は全裸であるということだ。

主人公のエア（海真澄）は特殊効果で透明化しているとはいえ、大抵の場面でB86W58H86のプロポーションを全裸で披露し続けていた。『透明少女エア』は『透明ドリちゃん』の深夜バージョンと簡単には片付けられないほど、とにかく大人向けの特撮だったのである。

同作の物語は、冴えない医大生の春日井涼太（堀江慶）が、透明な少女・エアに助けを求められる場面から展開していく。エアは記憶を失っており、謎の組織に追われていた。涼太は恋人の桂今日子（仲間由紀恵！）から誤解を受けながらも、エアと共に謎の組織に立ち向かう。ちなみにエアは、気持ちが高ぶると実体化する。どうやら透明人間は、興奮すると実体化するのが基本らしい。

『透明少女エア』は全6話と短いながらも、強烈な存在感を示して（そりゃあそうだ）一部に熱狂的なファンを獲得した（主に青少年方面）。なお、全裸透明ヌードを披露した海真澄は、その後に甲斐ますみと改名、やがて芸能界から姿を消した。本作に出演する前は違う名前で裸の仕事をしていただけに、当然脱ぎっぷりも見事だったが、残念ながら芸能界のステップアップ組には入れなかったようである。

特撮番組でありながらお色気番組でもある本作は、『変 HEN 鈴木くん♡佐藤くん』や『お天気お姉さん』など、あからさまに青少年方面を意識したウィークエンドドラマシリーズのひとつだ。同シリーズにおいては『透明少女エア』も王道中の王道と言える。ただ、そんなイロモノ番組でも、演出を担当しているのは『人造人間キカイダー』や『快傑ズバット』などで知られる脚本家・長坂秀佳。長坂の初演出作品としての価値はあるだろう。

しかし本作は、過去に一度もソフト化されていない。その理由は不明だが、今後も視聴困難な状況に変化はないはずだ。ウィークエンドドラマシリーズの中ではキワモノと言われた『サイバー美少女テロメア』ですらビデオ化されており、『美少女新世紀GAZER』に至ってはDVD化もされているのに、つくづく『透明少女エア』は不幸な作品である。海真澄は無駄脱ぎだったのだろうか。

やらせ映像で幕を開けた地下鉄サリン事件の真実

『告白 私がサリンを撒きました オウム10年目の真実』
放送日：2004年3月5日／製作：TBS／放送局：TBS系／原案：佐木隆三／総合演出：貞包史明／演出：三城真一／脚本：渡邉睦月／出演：西田敏行、杉本哲太、平田満、筧利夫、竹野内豊、小木茂光ほか（173分／カラー）

2004年の春、麻原彰晃の死刑判決と前後して、日本テレビとTBSで同じ題材を用いた実録ドラマが放送された。『緊急報道ドラマスペシャル オウムVS警察 史上最大の作戦』（2004年2月24日放送／日本テレビ系）と『告白 私がサリンを撒きました オウム10年目の真実』（2004年3月5日放送／TBS系）だ。日本テレビ版は警視庁とオウム真理教の攻防を軸に、サリン事件前から麻原逮捕までを描いた内容で、過去の断片的な事実を体系的に捉え直すという試み。対してTBS版は、地下鉄サリン事件の実行犯・林郁夫受刑者に焦点を当て、信者たちの心の闇に迫ろうという内容だった。

問題となったのは、オウム事件で重い十字架を背負っているはずのTBS版。番組冒頭、顔をぼかし声も変えて登場した男性が、林受刑者とは面識がなく違う刑務所にいたにもかかわらず、「獄中の林郁夫受刑者を知る元受刑者」と紹介され、刑務所内の林受刑者の様子について「手先が器用だった」や「袋張りの仕事をしていた」などと、あたかも目撃したかのように証言していたのだ。しかし彼の証言は、実際には全てが伝聞だった。この件は写真週刊誌『FLASH』(光文社)がスクープしたもので、問題の男性には収録前に問答用メモを渡し、「直接接触した人物ということにしてください」と依頼していたという。

TBSは同年4月24日放送の『ニュースの森』などで謝罪。「本来は伝聞と分かるように伝えるべきで、元受刑者が直接林受刑者と面識があるかのように表現したことは不適切だった」とのコメントを発表した。ただし、台本があったという部分は否定した。その後、取材を担当した記者を出勤停止3日、監督責任を理由に報道局長、報道局編集センター長、編成局編成部担当部長を減俸処分にしている。

そしてＴＢＳは厳しいバッシングにさらされた。おそらく『告白　私がサリンを撒きました　オウム10年目の真実』は、過去の事実を踏まえたうえで制作された、ＴＢＳの威信を掛けたはずのドラマ。完成度は秀逸だっただけに残念な結果となった。

なお、本作は18・7％の高視聴率を記録。「緻密な取材に裏打ちされたノンフィクション」や「坂本弁護士一家殺害事件のビデオテープ問題で出直しを迫られたＴＢＳが、十字架に区切りを付け、背筋をピンと伸ばして歩き出したいという決意が込められた番組」と各方面で激賞された。優れたテレビ番組などに贈られる、ギャラクシー賞の月間賞にも選出されている（後に辞退）。

林郁夫を演じた平田満は、モクこと高杢禎彦（元チェッカーズ）による日本テレビ版の林郁夫を軽々と凌駕する存在感。一方、日本テレビ版で鈴木晋介が演じた村井秀夫も抜群だった。何とか再放送していただきたいものである。

『カミングダウト』真実を告白して打ち切り決定

『**カミングダウト**』
放送日：2005年2月15日／制作協力：ザ・ワークス、アクロ／放送局：日本テレビ系／総合演出：黒川高／出演：谷原章介、あびる優、2丁拳銃（川谷修士、小堀裕之）、レギュラー（西川晃啓、松本康太）ほか（40分／カラー）

何かの間違いだろう。『カミングダウト』に出演中のあびる優がトゥルーのカードを見せた時、誰もがそう思ったはずだ。

『カミングダウト』は、タレントによる告白の真偽を別のタレントが見破る、心理戦的クイズバラエティ番組。最終的に告白の内容が真実であればトゥルー、嘘であればダウトのカードを見せて一段落となる。

問題のあびるの告白内容は「集団強盗でお店を潰したことがある」だった。それがトゥルーでは、誰もがポカ～ンとするのは当然だろう。何しろ当時のあびるはまだ未成年、しかもアイドルである。強盗などイメージ的には最悪なだけに、誰もが最初からダウトと思っていたはずだ。

あびるの告白を要約すると「店の倉庫に集団で忍び込み、段ボールごと菓子や飲み物などを運び出していた」そうである。確かに強盗だ。また、その様子を語るあびるは全く悪びれもせず、あっけらかんとしていた。しかも、約半年にわたって強盗を繰り返していたのに「拝借程度に」と半笑い。「見付かった時はどうしたのか」という問いには「（業者のふりをして）持ってますけど、どうかしましたか？　みたいな感じで（笑）」とやはり半笑いだ。それでも告白の真偽を見抜こうとしている出演者たちは、あびるの告白をダウトと信じ切っているだけに「ねずみ小僧だ」などと突っ込んで盛り上げていた。

その後「それだけ大量の商品を盗まれて店は大丈夫なのか」という問いに、あびるはまた半笑いで「潰れちゃったんですよね」である。一応は「それ（強盗）が原因かは分からない」と付け加えるあたりが小狡い。

そして告白の真偽はトゥルーだ。あびるはカードをめくりつつ「ごめんなさい」と謝ってはいたが、謝罪の気持ちは感じられなかった。それに合わせて表示された「万引きは犯罪です。絶対にやめましょう」のテロップが何とも空々しい。

結局、日本テレビには抗議が殺到。次回放送時、番組冒頭に謝罪テロップを入れて内部調査を行うと発表した。総務省からも厳しい要請があったとようだ。この一件以降『カミングダウト』は視聴率が急激に低下、2005年3月に打ち切られた。

なお、あびるが所属するホリプロは謝罪文を発表、彼女には無期限の芸能活動休止処分が下されている。しかし、たったの2カ月で復帰した。

一時期のバラエティ番組ではバカドルが流行していたが、本当の意味でのバカドルは、芸能界広しと言えどもあびる優だけだろう。

エスカレートする自主規制

『セクシーボイスアンドロボ』第7話「人生やり直せるハンバーグ」
放送予定日：2007年5月22日／製作：日本テレビ／放送局：日本テレビ系／原作：黒田硫黄／演出：狩山俊輔／脚本：山岡真介／出演：松山ケンイチ、大後寿々花、村川絵梨、塚本晋也、片桐はいり、浅丘ルリ子、モロ師岡、高橋一生ほか（54分／カラー）

『警視庁捜査一課9係（第2シリーズ）』第5話「監禁誕生会」
放送予定日：2007年5月23日／製作：テレビ朝日、東映／放送局：テレビ朝日系／監督：油谷誠至／脚本：入江信吾／出演：渡瀬恒彦、井ノ原快彦、羽田美智子、津田寛治、田口浩正、吹越満、英玲奈、江端英久、中根徹はか（54分／カラー）

2007年5月22日、テレビドラマ『セクシーボイスアンドロボ』の第7話「人生やり直せるハンバーグ」が、第2話「強盗犯の最後の恋」に差し替えられた。その後も第7話が放送されることはなく、ドラマは完結している。一体、第7話に何が起きたのだろうか。公式ホームページにはこう書かれていた。

「本日放送予定の『セクシーボイスアンドロボ』第7話は、物語の設定に実在する事件を想起させる場面を含んでいるため、放送を差し控えることになりました」

実在する事件とは、同年5月17日に愛知県長久手町で発生した立てこもり発砲事件を指す。男性が元妻を人質に取って民家に立てこもり、犯人が発砲した銃弾で警察官1人が殉職。さらに男性の家族と警察官1人が負傷している。立てこもりは約29時間にも及び、各マスコミは現場の緊迫したムードをこぞって中継した。約1カ月前の4月20日には、東京都町田市でも暴力団員による立てこもり事件が発生しており、当時は同種の事件に対して世論がナーバスになっていた時期である。

つまり『セクシーボイスアンドロボ』第7話は、主人公たちが立てこもり事件に巻き込まれる描写が含まれていたため放送中止になったのだ。なお、同エピソードはDVDには収録されている（サブタイトルは「ハンバーグさん」に変更）。プロデューサーである河野英裕は「放送する枠・環境などさまざまな条件を整えるのが現状困難で、しかしこのまま日の目を浴びないのは忍びなさすぎ……。諸所の事情を鑑みた結果、DVD収録のみという結論に達しました」と公式ホームページで説明した。

この事件で放送中止になったのは『セクシーボイスアンドロボ』第7話だけではない。『警視庁捜査一課9係（第2シリーズ）』は、同年5月23日に予定していた第5話「監禁誕生会」の放送を取りやめ、第6話を繰り上げて放送。第5話は翌々週に第7

話「狙われた誕生会」として放送された。また、お笑い番組『エンタの神様』（日本テレビ）でもシューティングゲームをネタにしたコントが後日の放送分に回されるなど、各マスコミはその対応に追われている。

実際に発生した事件や事故を鑑み、放送内容を変更ないしは延期、または中止するケースは多い。1966年放送の特撮ドラマ『ウルトラQ』（TBS）ですら、多発した航空機事故によってエピソードの見直しが図られている。だが、偏執的な作品狩りのような放送中止が相次いだのは、1988年から1989年にかけて発生した連続幼女誘拐殺人事件の存在が大きい。3歳から7歳という低年齢の女児が被害者であり、挑戦状を新聞社に、遺骨を遺族に送り付けるという前例のない異常な事件に動揺した世論は、犯行の動機を、犯人である宮崎勤の趣味や人となりから見出そうと躍起になった。その中で、ほぼ暗黙の多数決とも言うべき着地点となったのが5763本ものビデオテープの存在、つまりメディアの影響だったのである。

そして同様の作品狩りは、1997年に発生した神戸連続児童殺傷事件でも行われた。2つの事件で共通しているのは、メディアの影響と犯行事由の因果関係が証明されていないことだ。つまり、これらの作品狩りには明確な理由や確固たる基準がないのである。

昨今、実際に発生した事件に付随する自主規制は、もはや慣例のように行われている。だが、それらの過剰ぶりを見ていると「事件や事故を想起させるから」というよりも「不謹慎だから」という意味合いが強いように感じてしまう。同時に「不謹慎である」と指摘されることを避けるための、クレーム回避の措置のように思えて仕方がない。それが違うと言うなら、自主規制する際の明確な基準を設け、自主規制に至った理由も全て明らかにすべきだろう。

ウケ狙いで史実を歪曲『歴史王グランプリ』

『歴史王グランプリ2008 まさか！の日本史雑学クイズ100連発！』
放送日：2008年2月16日／製作：TBS／放送局：TBS系／出演：ロンドンブーツ1号2号（田村淳、田村亮）、大鶴義丹、大和田伸也、千原ジュニア、サンドウィッチマン（伊達みきお、富澤たけし）、チュートリアル（徳井義実、福田充徳）ほか（114分／カラー）

高視聴率の番組が誕生すれば、一気に同ジャンルの番組が乱立する。視聴率低迷が叫ばれる昨今だけに、パクリ合いは熾烈に、パクリ具合は露骨になっていく。監修者が被るのは当たり前、構成作家やリサーチャーを引き抜き、出演者も重複する。それはパクリ番組ではなく、ただのコピー番組である。その後、ほどなくして視聴者は飽きてしまう。だってチャンネルを替えても、同じ番組ばかりなのだから。

そして血液型バラエティ番組やスピリチュアル系番組のブームが去り、乱立し始めたのがクイズバラエティ番組だ。

『歴史王グランプリ2008 まさか！ の日本史雑学クイズ100連発！』は歴史雑学系のクイズ番組で、自称日本史マニアの芸能人パネリストたちが知識を競い合うという内容だった。番組の言う「学校では習わない意外な歴史の雑学問題」には、やや下ネタ風味の問題も含まれ、お笑い芸人が多めの出演者からも分かるとおりバラエティ色は強めだ。

この番組で問題視されたのは、番組終盤に出題された会津若松城に関する「旧幕府軍が城を明け渡したとんでもない理由とは？」だった。そして解答とされたのが「糞尿が城内に溜まり、その不衛生さから」というもの。約1万人が会津若松城に1カ月近く籠城したため、糞尿が城内に充満、不衛生さに耐えられなくなり降伏開城したという解説が付けられた。このハズシ方は、完全にウケ狙いの設問と言える。これに対し、番組を真剣に見ていた歴史マニアをはじめ、当の会津若松市民らが激怒。会津若松市は放送の翌月、TBSに抗議文を送付した。

市の怒りは尋常ではなく、「史実を歪曲」と糾弾するどころか「会津戦争に参加した全ての将兵と戦没者を侮辱し、会津人の心情を踏みにじる行為」と猛抗議。なお市や観光公社には、事前に放送内容が知らされていた。彼らが放送の見直しを再三求めたにもかかわらず、そのまま放送したことも発覚している。

これに対しTBS側は、即日プロデューサーが会津若松市を訪れ謝罪。当初は「謝罪放送はできない」と伝えられたが、市側の怒りは収まらず、2008年4月8日に約1分間の謝罪放送がオンエアされた。

結局、大抵のクイズ番組はバラエティ番組寄りの内容で、やらせ疑惑（演出？）も根強くあるバカドルのリアクションがキラーコンテンツと化している。もちろんNHK教育テレビではないのだから、エンターテインメント性も必要だろう。しかし「まさか！の日本史雑学」と銘打ちながら、謝罪放送を流すハメになる問題を出題するのは、エンターテインメントとは呼ばない。

早く次のブームを探した方がいいのではないか。

婦女子には伝え切れないゴルゴ13の精力絶倫ぶり

『ゴルゴ13』第4話「プリティウーマン」
放送日：2008年5月2日／製作：テレビ東京、創通エンタテインメント／放送局：テレビ東京系、AT‐Xほか／原作：さいとう・たかを（さいとう・プロ）／監督：大賀俊二／声の出演：館ひろしほか（30分／カラー）

日本、いや世界最強なのは間違いないのに、各国の危険地帯で危険な人と危険な任務を繰り返すためか、我が国を代表するヒーローにしては影がありすぎるゴルゴ13＝デューク東郷。1968年の連載開始から早50年以上、『ゴルゴ13』が国民的漫画として認知されない理由は、主人公であるゴルゴの人物像にもあるだろう。少しは女性や子供にも媚びる必要があるということだ。

そんな事情があるため、同作が萌えアニメ全盛の深夜枠でアニメ化されると聞いた際は、恐ろしいほどの違和感を覚えた。それは『まんがタイムきらら』（芳文社）で

『ゴルゴ13』が連載されるような感覚だ。

そのアニメ版『ゴルゴ13』の第4話「プリティウーマン」は、テレビ局によっては放送が自粛されることがある。

同話の標的は、ニューヨークマフィアのボスであるマーティ・オブライエン。依頼主は、彼に愛人として囲われている街娼上がりのリンダ。彼女は自由を夢見ているもののの「娼婦は俺たちの寄生虫」と見下すマフィアの元から逃れられない。そして自身では手を下せないリンダは、ゴルゴにマーティの殺害を依頼する。

嫉妬深いマーティは、リンダがゴルゴに密会し自分の殺害を依頼したことを突き止めるも、彼女の目の前で返り討ちにして男を上げようと画策。護衛を強化するマーティだったが、リンダを巡る内紛からチンピラの襲撃を受け、その混乱に乗じたゴルゴに射殺される。「これで私は本当のプリティウーマンになれるんだわ」と笑みを浮かべるリンダ。だが彼

第4話を収録したDVD『ゴルゴ13』第1巻（バンダイビジュアル）

女は、そのまま立ち去ろうとするゴルゴに激昂する。自分の魅力なら、ゴルゴを簡単に落とせると考えていたのだ。プライドを傷付けられたリンダは、ゴルゴの背中に銃を向け「殺し屋ごときが、このアタシを拒否するなんて！」と叫ぶ。

同話で問題視されたのはエロ描写。マーティがリンダを可愛がる場面のほか、リンダがマーティの手下から執拗にセクハラを受ける場面もある。リンダもリンダで、ゴルゴに性的妄想を募らせ興奮している始末。とにかく、かなりハードなエロ描写が頻出するのだ。

ゴルゴが精力絶倫なのは、熱心な読者以外にも広く知られている。その点も含めて世界最強なわけで、彼の下着姿（白のブリーフ）や裸体は、アニメ化する際にも避けては通れない部分だ。つまり『ゴルゴ13』は、二次元キャラの下着にすら加工を施すような、軟弱極まりない放送枠でオンエアする作品ではないのである。

素人を魔女に仕立てるにはどうすればいいか

『**魔女たちの22時**』
放送期間：2009年4月21日～2011年3月22日／製作：日本テレビ／放送局：日本テレビ系／演出：清水星人／出演：山口達也、久本雅美、高田純次、アンミカ、IKKO、益若つばさ、杉本彩、はるな愛ほか（54分／カラー）

火曜日の夜の日本テレビと言えば『火曜サスペンス劇場』だったわけだが、2時間ドラマはすでに流行遅れとなっている。かつて一世を風靡した月9ドラマですら低迷中で、バラエティ番組に変更するという構想が浮上する昨今。すでにバラエティ番組は飽和状態のうえ、似たような番組ばかりという状況なのに。

ドラマ枠をバラエティ番組に変更しようとするのも、過去に成功した例があるからだ。各局が安易に追随しているだけなのである。

良いか悪いかは別にして、世におネエ系タレントブームを巻き起こした『おネエ☆

MANS』の後継番組が『魔女たちの22時』である。同番組の放送時間は火曜日の22時。日本テレビは『火曜サスペンス劇場』を放送していた枠に、バラエティ番組を投入したわけだ。そして『魔女たちの22時』は、ドラマ枠のバラエティ番組化を推し進める成功例のひとつになった。同時間帯の視聴率1位を取ることもある人気を得たのだ。しかし、約13％の平均視聴率を誇るこの人気番組は、放送開始から約2年で突然打ち切られてしまう。

『魔女たちの22時』は「旦那のため、たった1か月で12カ所も整形した女性」「3畳1間の貧乏生活から年商30億円の会社の社長になった男性」など、驚きのストーリーを持つ女性を魔女（男性の場合は魔王）と呼び、彼女たちが魔女になるまでの経緯を全員で褒めて感心するという番組である。女性視聴者をメインターゲットにしているため、内容は恋愛や美容、ファッション関連が多い。

なお、番組開始当初から、魔女の中には仕込みと思われる人物やモデル事務所に所属するタレントが紛れていた。しかし次第に、目に見えてタレント率が上がる。これには次のような事情があったようだ。

「内容が内容なので、センヤーショナルに見せなければいけない。番組を面白くしようとすると、素人は使いにくいんです」（テレビ局ディレクター）

番組の関係者によると、放送後に「事実と違う」「VTRがひどい」などのクレームが出演者から付けられることも多かったという。魔女として出演する素人には2万円から10万円のギャラが支払われていたが、それにより好き勝手に演出する権利を得られたわけではない。中には自称・魔女の言うままにVTRを制作し、放送後に彼女の経歴が詐称だったと知らされるケースもあったようだ。クレームがこじれ、損害賠償問題に発展したという噂もある。要は高視聴率であっても、番組を存続させるわけにはいかなくなったようだ。やはり「面白くなければテレビじゃない」とテレビ局が胸を張れた時代は、遠い昔なのである。今やコンプライアンスを重視した一流企業として、リスクヘッジしなければならないのだ。

ちなみに『魔女たちの22時』の後番組である『スター☆ドラフト会議』は、視聴率10％割れ。世知辛い話である。

BPOも呆れ果てた安易すぎる番組制作

『イチハチ』
放送日：2010年11月17日／製作：毎日放送／放送局：TBS系／出演：浜田雅功、藤本美貴、ブラックマヨネーズ（小杉竜一、吉田敬）、フットボールアワー（岩尾望、後藤輝基）、磯野貴理（現・磯野貴理子）、鈴木紗理奈ほか（54分／カラー）

『イチハチ』は前出の『魔女たちの22時』と同様、ビックリ人間系のトークバラエティ番組である。当初の番組名は『THE 1億分の8』。毎回強烈なエピソードを持つ素人8人（芸能人の場合もある）が登場し、その内容を紹介していく。やはり素人を多数出演させたうえで、センセーショナルなネタを提供しなければならないバラエティ番組は、サービス過剰とも言える演出なしでは成立しないのかもしれない。

問題になったのは、2010年11月17日放送の「世間とズレまくり！ 驚きのお買い物女王NO.1決定戦！」だ。7万円のタンクトップをまとめ買いする美女、コンビニ専用のブランドバッグを購入する美女に加えて、「億単位の買い物をする美女」として紹介されたのが、セレブ向けスクールを主催するライフスタイルプロデューサーの女性である。彼女の億単位の買い物とは、何と佐賀県にあるホテルだった。購入価格は15億円。取材カメラは彼女の現地内見に同行し、そのホテルがいかにすごい物件なのかを詳細に伝えた。掃除の行き届いた部屋、ホテル内にある高級レストラン、ここだけを見れば旅番組のようでもある。

だがこの女性、実は交渉の責任者ではなかったらしい。視聴者からホテルを宣伝するための作り話ではないかという指摘があり、「企業の宣伝に利用された可能性がある」とBPO（放送倫理・番組向上機構）が審議に乗り出した。BPOによれば、番組の制作スタッフは「情報・事実に対する認識が甘かった」と述べたという。

『イチハチ』の問題はこの一件だけではなかった。2011年1月12日放送の「お坊ちゃま　お嬢様芸能人NO.1決定戦」では、セレブタレントが「アメリカ・ニューヨークに23軒の自宅を所有する資産家」として出演。ゴージャスな物件も紹介しているが、こちらも視聴者から「番組で紹介された物件は売りに出ている。所有者の名義は違うはず」と指摘された。この問題に関してもBPOが審議に乗り出し、次のように結論付けている。

「制作サイドの事実に対する認識や判断の甘さ、拡大解釈が内部で精査されることなく、安直に番組作りがなされている。事案の発覚後もプロデューサーと現場ディレクターの間で、何が問題であったかの認識に温度差がある」

厳しい判定を下された『イチハチ』だが、後者の問題に関しては言い分があるようだ。その詳細は公式ホームページで「ご報告とお詫び」として公開されていた。要約すれば「番組に出演した女性に騙された」というニュアンスだが、それは事前に裏を取っておくレベルではないか。問題の発覚後に被害者ヅラするのもどうかと思う。

怪しい「深イイ」判定で視聴者が被害に！

『人生が変わる1分間の深イイ話』
放送日：2011年4月18日／製作：日本テレビ／放送局：日本テレビ系／出演：島田紳助、チュートリアル（徳井義実、福田充徳）、久本雅美、SHELLY、フットボールアワー（岩尾望、後藤輝基）、武田鉄矢、菜々緒、風間俊介ほか（54分／カラー）

あまり好きではない人には、大して緊迫感を与えなかったユッケによる集団食中毒事件。当時、ニュース番組で何度も流されるユッケの映像に、逆に食欲をそそられる人が続出していた。二次被害は起きていないのだろうか。

この事件の発端は2011年4月。北陸と関東に店舗を持つ焼肉レストラン・焼肉酒家えびすの砺波店（富山県砺波市）などで、ユッケを食べた客181人が食中毒になったのだ。そのうち5人が溶血性尿毒症症候群により死亡。

話題は同店の衛生管理という問題から、肉の生食に対する危険性に拡大した。その過程で注目を集めたのは、黒服から焼肉酒家えびすを経営するまでに至ったやり手社長のキャラクターだったのだが、彼と共に責任を追及されるべきテレビ番組が存在する。同チェーンは、バラエティ番組『人生が変わる1分間の深イイ話』で絶賛されていたのだ。

それは集団食中毒事件が発生する数日前、2011年4月18日に放送された。激安スペシャルと銘打たれたこの回では、焼肉酒家えびすを「焼肉1皿100円の店」として紹介。提供する肉は国産黒毛和牛、大量仕入れで激安価格を実現していると説明する。さらに黒を基調としたお洒落な店内、高級店並みの接客など、べた褒めの紹介が続く。司会の島田紳助は「安かろう、態度悪かろうが多いのに」と絶賛。最終的に出演者全員が「深イイ」と判定し、全員一致の深イイ話と認定されたのである。

一体、何が深イイのかは判然としない内容。どういう筋書きがあったのかはさておき、特に問題なのは、この番組を見て焼肉酒家えびすを訪れ、食中毒になった視聴者がいたという点だ。番組内でユッケは紹介していないが、視聴者にとって全員一致の深イイ話と認定されたことは、同店に足を運ぶ動機になった。

焼肉酒家えびすは、実は『news every.』（日本テレビ）や『FNNスーパーニュース』（フジテレビ）でも取り上げられたことのあるマスコミ常連店だった。ただしこれらは、あくまでも客観的に映像を見せる報道番組である。『人生が変わる1分間の深イイ話』のように、主観的に大プッシュする過剰な演出を加えているわけではない。しかも「深イイ」の判定は、少なくとも番組上は、出演者たちに委ねられているのである。

現在のテレビ番組は、収入を上げるためにあらゆる手段を講じている。安易なものから複雑なものまで、さまざまな方策でメディア不況と抗っているのだ。そんな状況下、視聴者が店に足を運ぶ動機として番組が成立していれば、それはもはや立派な広告である。その視聴者が事件に巻き込まれた場合、番組の責任は決して少なくない。

死者を加工して批判が殺到 冷酷なバラエティ番組

『世界☆ドリームワーク カラダを張って稼ぐぞSP』
放送日：2011年5月13日／製作：日本テレビ／放送局：日本テレビ系／出演：田村淳、大地真央、倉科カナ、テリー伊藤、FUJIWARA（藤本敏史、原西孝幸）、オードリー（若林正恭、春日俊彰）、はるな愛、庄司智春、田中卓志ほか（114分／カラー）

芸能人が犯罪を起こした場合、重大性を考慮して、その芸能人が出演している番組は放送が見送られるか、もしくは出演場面をカットして再編集されることが多い。それができない場合には、出演している当人の姿にボカシ加工を施して視認できないようにする。事実関係は別にして、特に容疑者として逮捕された直後は、まずこのような対応になるのが通例だ。

映像加工技術の進歩によって、ボカシは簡単に加えられるようになった。ただしそれは犯罪者の顔を隠すなど、特定の事情がある際に使われている。例えば提供スポンサーと競合する企業ロゴは、ボカシ加工されるのが当たり前。テレビ局は秒刻みの放送枠を高額で販売している以上、ただでCMを流すわけにはいかない。また、罪を犯していない芸能人がボカシ加工される場合、大抵はダブルブッキングが原因だ。

ニュース番組においてもボカシ加工は多用される。代表的なのは手錠の映像。これは1980年代初頭のロス疑惑で、後に無罪判決を受けた元容疑者が、当時の事件報道に対し「有罪が確定していない被疑者を晒し者にするのは人権侵害だ」と提訴したことに端を発している。

このように、テレビ番組におけるボカシ加工には、表沙汰にできない特殊な理由があるのだ。最近では、出演者の下着が映り込んでしまった場面でも使われるほど、ボカシ加工はありふれたことになっている。


それでは、自殺した芸能人の場合はどうなのだろう。

2011年5月12日、アイドル・上原美優が自宅で縊死した。死後に放送された彼女の出演番組は、各局で対応が分かれている。お悔やみのテロップを入れてそのまま放送する局が多い中、彼女の死の翌日、5月13日に放送された『世界☆ドリームワー

ク カラダを張って稼ぐぞSP』は、上原のトークをカットしたうえ、彼女の全身にボカシ加工を施していた。これに対して「犯罪者と一緒にするな」「死者を冒涜している」などと非難が殺到したのだ。

一説には、影響力のあるタレントの場合、後追い自殺の発生を防ぐために出演シーンを削除するとも言われる。しかし、番組内で何の断りもなく彼女だけを加工するというのは、他局の対応と比べるとあまりにも不誠実に思えてしまう。

安易なボカシ加工、これもまた過剰な自主規制ではないだろうか。

「ちょうどいいブス」はNGワードなのか？

『人生が楽しくなる幸せの法則』
放送期間：2019年1月10日～3月14日（全10話）／製作：読売テレビ／放送局：日本テレビ系／原作：山﨑ケイ／監督：植田泰史、菊川誠ほか／脚本：武井彩ほか／出演：夏菜、高橋メアリージュン、小林きな子、山﨑ケイ、佐野ひなこほか（55分／カラー）

　ブス芸人とは、テレビ業界で認知されているタレントカテゴリーの一種だ。彼らは自らのブス具合を鉄板のオチとする、天性の飛び道具を持つ。なお、吉本興業は毎年ファン投票によって「ブサイクランキング」を決定、発表している。過去にほんこん（130R）、岩尾望（フットボールアワー）、井上裕介（NON STYLE）らが殿堂入りを果たした。女性芸人を対象とした「ぶちゃいくランキング」も存在していたが、2015年を最後に男女双方とも廃止。ただし「ブサイクランキング」は、上方漫才協会大賞の一部門として残された後、2019年に復活した。今のところ稲田直樹（アインシュタイン）の無双が続いている。

さて、山崎ケイ（相席スタート）は「ぶちゃいくランキング」では10位内に入ったことがない。彼女のキャッチフレーズは「美人ではないがブスでもない女」だ。相席スタートとしても、山崎の立ち位置はブス芸人にありがちな「ブスあるある」な言動ではなく、いい女を気取りつつ、モテない女の隠された強欲感、またはモテたい女の秘めた欲望を解放するというのが基本コンセプトである。それを前提に、ドラマ『人生が楽しくなる幸せの法則』の原作者による「ちょうどいいブス」の肖像に迫ってみよう。山崎の著書『ちょうどいいブスのススメ』（主婦の友社）によれば……。

先輩芸人に「ちょうどいいブス」と指摘された山崎は、最初は不服だった。しかし周囲の同調意見の多さと「ちょうどいい」という前向きな形容詞に惑わされ、程なくして受け入れるようになった。その後に「Ｙａｈｏｏ！知恵袋」の回答を読んで膝を打つ。その回答は「酔ったらいける女性のこと」だった。

山崎はこの言葉を「チャンスがある」と肯定的に捉えた。無理する必要はない、むしろいい女として振る舞うことこそ無謀にして苦痛。たとえブスでも、チャンスは必ず巡ってくる。それが１００回に2回だとしても、確実に訪れるのだ、と。

美人ではないなりに、自分の「ちょうどいい部分」で攻める。そして「ちょうどいいブス」と割り切れば、新たな自分が見えてくるかもしれない。要は『ちょうどいいブスのススメ』とは、ポジティブシンキングの恋愛指南書なのだ。内容が分かれば、書名にも違和感はない。同書のコンセプトが結構支持されていたのは、売れ行きが好調だったことからもうかがい知れる。

しかしドラマ化が発表されると、関連ホームページは瞬く間に炎上。そのあおりを受けて、ドラマは『人生が楽しくなる幸せの法則』という、箸にも棒にも引っ掛からない、まるで自己啓発セミナーのような汎用タイトルに変更されてしまった。読売テレビは「ドラマの内容を理解していただくため、より多くの人々に受け入れやすいタイトルにした」と説明したが、放送の20日前というシャレにならない段階での改題には大人の事情が感じられる。

『ちょうどいいブスのススメ』が炎上した理由は「ブス」というパワーワードが大きな原因だ。しかし、原作はすでに発行済みなのだから、問題があったのはドラマ版ということになる。アンチの意見を集約すれば「女性蔑視」という点に尽きるわけだが、彼らの怒りを招いたのはドラマ版のコンセプトだったのではないか。公式ホームページには次のように記されていた。

「あなたたちの生き方は間違いだらけ！　それこそがブス！　まずは自分が思っている以上に、自分がブスであることを受け入れなさい！」

原作はエッセイなので、ドラマではオリジナルストーリーが用意されている。3人のイケてない女性が「ちょうどいいブスの神様」に導かれ「ちょうどいいブス」になるための修行を開始するという展開だ。右記の文言は、山崎が演じる「ちょうどいいブスの神様」の発言という体だが、この上から目線の物言い（神様だから当たり前）が世の女性の反発を呼ぶ。そりゃあ頭ごなしに「お前はブスなんだからな」と言われたら、その自覚がある人でも頭にくるだろう。そして共感は連鎖し、原作を無視した怒りは劫火となって広まった。

炎上理由をさらに挙げるとすれば、「ちょうどいいブス」を全女性共通の新たな概念として押し付けたことだろう。百歩譲って神様の物言いだとしても、ブスと蔑まれたうえに「女性としての生き方指南　共感ラブコメディーをお届けします！」と言われても、余計なお世話でしかない。まさに火に油。

ここに再び「酔ったらいける女性のこと」という回答が示していた、男尊女卑思想が蘇る。そしてテレビ局側は、しばしの沈黙を経て白旗を揚げた。しかし、放送の20日前にタイトルを変更したところで内容が変わるはずもなく、放送開始後、さらに炎の勢いは強まっていったのである。

なお「ぶちゃいくランキング」で隅田美保（アジアン）と共に殿堂入りしている近藤春菜（ハリセンボン）は「男芸人はブサイクと言われて仕事が増えるけど、女芸人はただ悪口を言われるだけ……」と話していた。一部でハラスメントの声も挙がる中、「ちょうどいいブス」の概念により仕事が増える矢先だった山崎は、千載一遇のビジネスチャンスを失ったと言えるだろう。

放送禁止級のため怪獣墓場直行封印モンスターズ

獣人雪男（『獣人雪男』）
公開日：1955年8月14日

東宝特撮怪獣映画と言えば、ゴジラを筆頭にラドン、モスラ、キングギドラ、ガイガンと多数の名怪獣を生み出しているが、それらスター怪獣の陰にひっそりと身を隠す、知られざる東宝怪獣も存在する。まるでUMA（未確認生物）のようだが、実はそのものズバリ、雪男だ。

この『獣人雪男』は『ゴジラ』（1954年）、アンギラスが登場する『ゴジラの逆襲』（1955年）に続く東宝特撮怪獣映画の第3弾として1955年に公開されたのだが、テレビでは1度も放送されておらず、ソフト化も実現していない、いわゆる封印作品となっている。その理由に関しては、公表されていないため憶測の域を出ないが、舞台となる谷に住む村人の多くが何らかの身体障害を抱えているという、隠れ里的な集落描写に問題があるのかもしれない。

ところでゴジラ、アンギラスときて、なぜ雪男なのか。1951年、イギリスの探検家エリック・シプトンが発見したヒマラヤの雪男イエティの足跡は、世界に衝撃を与えた。その影響を受け、各国で雪男の映画が製作されるようになったのだが、我が国でも特撮の神様・円谷英二がこの題材に食い付いた。

もともとアメリカ映画『キング・コング』（1933年）にインスパイアされていた円谷は、「日本にも雪男が生息する」というプロットを起こし、『ゴジラ』の原作者でもある探偵小説家・香山滋に再び原作を依頼。つまり『獣人雪男』には「円谷英二のキング・コング」という意味合いも込められていたわけだ。その証拠に、円谷怪獣はスーツ着用で表現するのがお家芸だが、本作には一瞬だけ、人形アニメーションによる雪男のシーンがある。これは『キング・コング』でファンタジックな同技法を発揮した、ウィルス・H・オブライエンに捧げるオマージュに違いない。

東宝フランケンシュタイン（『フランケンシュタイン対地底怪獣《バラゴン》』）

公開日：1965年8月8日

フランケンシュタイン博士が創造した怪物（以下、フランケンシュタイン）を巨大化させ、日本が世界に誇る東宝怪獣と戦わせるという突飛な発想の怪作。怪獣映画にしてはホラー色が強く、怪獣マニアの間では「フラバラ」という略称で人気の本作だが、1981年発行の書籍『ファンタスティック・コレクション・スペシャル 世界怪獣大全集』（朝日ソノラマ）の作品解説には「だが、この作品もいろいろな問題が絡んでいるだけに、今後のテレビ放送は難しくなっている」と書いてある。いろいろな問題って何？

終戦の直前、フランケンシュタイン博士が開発していた「死なない兵士」の人造心臓が、同盟国であるドイツから広島に持ち込まれた。その広島に原爆が落ちてから15年後、フランケンシュタインの心臓は体長20メートルの巨人に成長し、野性動物感丸出しの人食い地底怪獣バラゴン（中に入っているのはゴジラの中島春雄！）と死闘を繰り広げる。巨人対怪獣。その図式は、1年後に放送を開始する『ウルトラマン』の雛型でもあった。

体長20メートルのフランケンシュタインという設定は、40メートルのウルトラマンや50メートルのゴジラと比較すれば小型だが、実際に存在していたらどうする、という現実的な恐怖感を観客に与えている。なお、少し顔の怖い人間の姿をした巨人（しかもシャツとズボンを着用）が、まだ成長しきっていない半端な大きさの状態で檻の中に入っている様子や、窓から団地の中を覗くシーンは、当時劇場でこの映画を見た私に完璧すぎるほどのトラウマを植え付けた。

しかし、そのトラウマの根底にあるのは戦争や原爆、そして非人道的な嗜虐趣向である。また、フランケンシュタインの外見が極めて人間っぽいのもクレーマーを刺激しそうだ。奥目で歯茎はむき出し、歯も1本欠けていて毛深い。いや実際いるんだ、似ている人って。

DVD『フランケンシュタイン対地底怪獣』（東宝）

スペル星人（『ウルトラセブン』第12話「遊星より愛をこめて」）

放送日：1967年12月17日

言わずと知れた放送禁止怪獣の最高峰。1970年10月発行の『小学二年生』11月号（小学館）の付録カードのうち、スペル星人の「ひばくせい人」という表記に対して、出版社や円谷プロは、被爆者団体から「被爆者を怪獣扱いしている」という内容の抗議を受けた。体の各所でケロイド状の模様が明滅しているスペル星人の容姿も、彼らの心証を悪くしたようだ。この騒動により『ウルトラセブン』は超有名作品にもかかわらず、第12話だけが未だ1度もソフト化されていない。また、第12話の再放送やスペル星人の出版物への写真掲載、フィギュア化などに対して、円谷プロの許可が下りない状況が長期化している。

スペル星人はこんな怪獣だ。スペリウム核爆弾の実験により、大勢のスペル星人が被爆してしまう。それを治療するためには、ほかの惑星に住む生物の新鮮な血液が大量に必要だった。そこでスペル星人は、地球人に化けて人間社会に潜入。腕時計を模した採血器を周囲に配り、地球人の血液をせっせと集める。得意技は、婚約するふりをして相手からお金ではなく血液を頂戴すること。被爆星人というよりは、宇宙を股に掛けた結婚詐欺師だ。

ここで大いなる疑問が残る。佐竹という男性に化け、桜井浩子（前作『ウルトラマン』のフジアキコ隊員）が扮する早苗の血液を採取するため、偽りの恋人となって近付いたスペル星人。両者の間に果たして性交渉はあったのだろうか。これは脚本家も監督も物故した今となっては永遠の謎なのだが（聞いておけばよかった）、佐竹からもらった腕時計を川に投げ捨て「いいのよ、もう」と言うラストシーンに見る早苗のサバサバした様子と、婚前交渉は背徳だという当時の倫理観から、やってない！　ということにしておこう。

い…被爆者を怪獣扱い
全身覆うケロイド
原水禁国民会議 許せぬ、と謝罪要求へ
小学二年生に ひばくせい人

原水爆禁止日本国民会議は小学館に謝罪を要求。その顛末は新聞各紙でも報道された（東京タイムズ／1970年10月13日付）

ゲンシロン（『サンダーマスク』第21話「死の灰でくたばれ！」）

放送日：1973年2月20日

今や『魔人ハンター ミツルギ』『行け！ ゴッドマン』など、誰も見向きもしないようなマイナー特撮ヒーロー番組のＤＶＤまで発売中ながら、１度たりともソフト化されていないのが、この『サンダーマスク』だ。その理由は、フィルムを管理する創通エージェンシー（当時は東洋エージェンシー）が商品化を許可しない説、ひろみプロとの著作権問題がこじれている説などがある。ちなみに、手塚治虫が『週刊少年サンデー』（小学館）で連載していた漫画版『サンダーマスク』は、彼の原作というわけではなくテレビ番組をコミカライズしたものだ。

宇宙の魔王デカンダの侵略から地球を守るため、サンダー星連邦から派遣されたサンダーマスク。しかしロケットのスピードが速すぎて、石器時代の地球に着いてしまう。そこでサンダーマスクは、悠長なことに１万年も寝て待つことにした。

サンダーマスクと戦う敵怪獣は、番組の中では魔獣と呼ばれている。タイヤ型になり転がる大回転魔獣タイヤーマ、デゴイチ（Ｄ51形蒸気機関車）が怪獣化した煙幕魔獣デーゴンH、他局の超有名ライバルキャラと同じ名前ながら、股間に第2の頭部を持つ姿が下品な砂地獄魔獣〝カイダー〟、シンナー中毒者の脳髄をチュウチュウとストローで吸うシンナーマンなどが登場。

それら魔獣の中でも、放射能魔獣ゲンシロンは危なすぎる。1973年発行の書籍『サンダーマスク図鑑』（秋田書店）によれば、ゲンシロンは全身が放射能の固まりであり、放射能の中でしか働かない放射脳を持ち、体内には水爆80発分のエネルギーが貯えられているそうだ。「死の灰でくたばれ！」というサブタイトルと、出身が茨城県東海村というのも……。

愛すべき危険な怪獣たち

これまでに怪獣や怪人、妖怪、宇宙人、ロボットなど、実に多くの化け物がテレビ画面やスクリーンに登場している。それらは異形の者であり、背景や生い立ちも不遇であるため、劇中では忌み嫌われる存在として扱われてきた。中には『ウルトラセブン』のスペル星人のように、現実社会において封印された者もいる。ただ、たまたまやり玉に挙がらなかっただけで、封印の原因になり得る、危険な怪獣が登場する番組は少なくない。

手塚治虫原作の『マグマ大使』（1966年〜1967年放送）では、サソギラス（第37話「狂人と水爆 毒ガス怪獣サソギラス登場」）が吐く毒ガスで、レギュラーのマモル少年（元フォーリーブスの江木俊夫）が「ギャハハハ」と発狂してしまう。そのほかグラニア（第39話「怪獣グラニア ただ今出現」、第40話「いそげ！マグマ大使 くたばれ怪獣グラニア」）は、水爆を背負って国会議事堂の前に出現するという大胆不敵さ。それと戦うマグマ大使も、一緒になって議事堂を破壊（笑）。

第10話「音波怪獣フレニックス」は、違った意味で危なかった。フレニックスは音を食料とすることから無音状態になるシーンがあり、放送事故につながるとして「これは故障ではありません」というテロップが流されたのだ。

毒ガス攻撃で発狂する例を出したが、『シルバー仮面ジャイアント』（1971年〜1972年放送）の第17話「シルバーめくら手裏剣」では、モーク星人の毒ガス攻撃でシルバー仮面が失明してしまう。さすがにこのサブタイトル、CSの再放送では「大阪SOS」に変更された。

これに続く第18話「一撃！シルバー・ハンマー」の怪獣も、危険要素を内包している。孤独耐久テストのため、地中で160日間を過ごした宇宙飛行士・山城。彼が地上に出てきたら、体長50メートルの人間型怪獣（宇宙服も着用）になっていたというとんでもないエピソードに登場する怪獣の名前は、そのままヤマシロである。全国の山城さんから抗議がなかったのは幸いだった。

特撮の老舗、ウルトラシリーズにもいろいろな危険要素がある。第1作目『ウルトラQ』（1966年放送）に登場する巨大猿ゴロー（第2話「五郎とゴロー」）は、なぜ巨大なのか。ゴローは青葉くるみという旧日本軍が作った強壮剤を食べたため、伊豆のクモザルが甲状腺ホルモンに異常を来し巨大化したという設定だ。しかし初号試写の段階では、青葉くるみは「ヘリプロン結晶G」という薬品だった。番組のスポンサーが武田薬品工業なので、巨大化の原因がホルモン異常を誘発する薬品名ではまずいと配慮し、セリフを変更したのだ。

同話を見る機会があれば「青葉くるみ」と言っている登場人物の口の動きに注目してほしい。アフレコしているため、口は「ヘリプロン結晶G」と動いている。まあ変更したところで、ゴローと仲の良い知的障害を持つ青年・五郎が、村人たちから「このエテキチ！」「啞《おし》に分かる道理はない」と笑い物にされるシーンが危ないことに変わりはないが。

このような不謹慎極まる怪獣や怪人たちは、単なるあだ花でも鬼っ子でもない。彼らは我々人間の共通意識のどこかに、必ず蠢いている存在なのだ。そういうのが日本の映像文化を陰で支えてきたのだ。

彼らは芸能界の犠牲者なのか子役残酷物語

子役という職業は、芦田愛菜の登場で大きく変わった。もはや彼らは、ただの端役ではない。その見た目以上に、演技力が求められるようになったのである。

子役は当たれば大きい、それは周知の事実だ。映画『崖の上のポニョ』（2008年公開）の主題歌を担当した大橋のぞみ、NHKの大河ドラマ『天地人』（2009年放送）で直江謙続の子供時代を演じた加藤清史郎など、一度ブレイクすれば、次から次に仕事がなだれ込んでくる。親バカの視点から見ても、我が子を芸能界にと考える邪な親は後を絶たない。

元祖・天才子役と言われる安達祐実の場合には、出世作『家なき子』（1994年放送）に出演していた頃の年収は約8000万円。大橋のぞみも全盛期は1億円を超えており、芦田愛菜も1億円前後と見られる。ドラマの出演料は格安のようで、一説には20万円前後と言われるが、CMの出演料がとにかく大きいのだ。億を稼ぎ出す小学校1年生。学校に行く意味なんて、もはやないに等しい。あまりにも早すぎる成功である。なお、中卒の平均的な生涯年収は1億円から2億円。それを小学校1年生にして手に入れてしまったわけだ。

しかし、子役の問題はその後である。大橋のぞみは、2012年3月末で芸能界を引退した。中学校入学を機に学業に専念するという名目だが、彼女の引退は子役の世代交代を象徴している。おそらく小学校卒業というのは、子役としての定年のようなものなのだろう。

子役が大成するかどうか、それは過去のデータから大体答えが出る。傾向から言うと、大成する可能性はかなり低い。井上真央や志田未来など、子役上がりでも女優として第一線で活躍しているケースもあるが、彼女たちには子役として注目された過去があるわけではない。しかし、加藤清史郎が生後2カ月で劇団に放り込まれたことだけを真に受けて、芸能事務所を訪れる親は後を絶たない。街中には子役養成スクールと銘打った怪しげな看板が現れ、スカウトと称してオーディションを行い、写真登録料の名目で金銭を要求する詐欺も横行している。

もちろん、子役ビジネスの全てが悪とは言わない。しかし、誰もが金と名声を求め真っ黒な下心が渦を巻くという、ある意味では芸能界の暗部を凝縮したような世界を知ることに対して、一定の年齢制限は必要なのではないだろうか。それはどう考えてもR18の世界だ。


昭和を代表する子役でありながら、成功したためにジェットコースターのような人生を歩んだのが、伝説のドラマ『ケンちゃんシリーズ』（1969年～1977年放送）のケンちゃんこと宮脇康之（現・宮脇健）である。

同シリーズは、子供が一度は憧れる「家が○○屋さんだったらなあ」という、欠乏の中にあった昭和のキッズたちの夢を余すところなくドラマ化して見せるという、高度経済成長期らしいドリーミンな内容だった。平均視聴率は25％前後をキープし、ケンちゃんは天才子役としてもてはやされ続けた。しかし、当のケンちゃんは「地方ロケはホテル最上階のスイート」「小遣いは毎月数十万円」「駄菓子屋さんを丸ごと一軒買ったこともある」「免許もないのに外車を買った」「誕生日にテレビ中継車をおねだりした。値段は3500万円」など、とんでもなく天狗になっていた。

そしてケンちゃんは、やはり小学校を卒業するあたりから、下り坂を高速で転げ落ちていく。


成年する頃になると、ケンちゃんの仕事は激減してしまう。そして彼は、過去のカラーから脱却すべくロマンポルノに出演。その振り幅たるや勢いだけの感もあるのだが、やはりそれは役者人生をさらに窮地に追い込むだけだった。

その頃、全く働かなかったリアル父親が、連帯保証人になって数千万円の借金を背負った挙げ句に離婚。ケンちゃんの稼いだ金は返済に消えてしまった。そして一家離散。独り暮らしを強いられたケンちゃんは、全国を転々としながら、ハイヤーの運転手、ディスコの黒服、政治家の秘書など、さまざまな仕事に就く。しかし、芸能界の甘い水に慣れきったケンちゃん自身も騙されて保証人になってしまい、借金は2億円近くにまで膨れ上がったのである。

やがてケンちゃんは結婚を機に地道な生活をし始め、還元水生成器のビジネスが当たったことで、結婚9年目にして借金を完済した。

そんなケンちゃんを超える子役人生になったのは、時代劇『子連れ狼』（1973年〜1976年放送）の大五郎役で人気を博した西川和孝だ。当時5歳にして大人顔負けの名演技、それは最も原作に近い大五郎像として今日でも評価は高い。しかし大五郎のイメージが強すぎたためか、以降、役者としては全く芽が出ずに引退。

1999年11月には、金銭トラブルから知人の金融業者を殺害してしまう。西川は遺体を山中に遺棄した後、金融業者から奪った金の一部を借金の返済に充て、香港やタイに逃亡した。しかし犯行はすぐに発覚し、彼は強制送還。結局、無期懲役の判決が下され現在も服役中だ。

振り幅の大きい子役と言えば、以上の2人ということになるだろう。

なお、当時6歳にして『黒ネコのタンゴ』（1969年発売）が260万枚を売り上げる大ヒットとなった皆川おさむは、声変わりを理由に、小学校卒業と同時に芸能界を引退している。

やはり6歳にしてNHKの連続テレビ小説『鳩子の海』（1974年〜1975年放送）に出演、国民的子役し称された斉藤こず恵も、小学校卒業を機に芸能活動を休止している。斉藤によれば、ドラマの撮影時は小学校にハイヤーが横付けされ、自宅に帰ることもなく、仕事場と学校を毎日往復したという。なお、彼女が芸能活動の休止を決意した理由は、自分の将来に不安を感じたためだった。

大橋のぞみの場合、ある時期から、仕事を入れるだけ入れるというスタンスではなくなっていた。徐々に脱芸能界へと動き始めていたのだ。芸能界は、思い立ってもすぐに足を洗える業界ではないのかもしれない。億を稼ぎ出すシステムを、誰もが手放したくはないのだろう。

出演者の不祥事で放送を中止した不幸な作品

番組制作関係者が罪を犯したため、封印された作品は数多く存在している。タレントの場合には、犯罪＝放送禁止という暗黙のルールがあるわけだが、よほどの罪でない限り、それは一時しのぎ的な措置にすぎない。

『真夜中の警視』（放送期間：1973年4月3日〜5月15日）

最初に、元警察官が事件を解決するアクションドラマ『真夜中の警視』を紹介したい。1973年4月13日、主演の原田芳雄が、青山墓地内でのロケ中に無免許で自動車を運転したうえ、駐車中のタクシーに激突。同乗していたカメラマンとその助手らに重傷を負わせてしまう。それにより、関西テレビは同作の制作中止を決定。全13話の放送を予定していたが、第7話までで打ち切りとなる。空いた放送枠には、後番組の『追跡』（1973年放送）を繰り上げることで対応した。しかし『追跡』も、放送上不適切な描写が多数含まれるため、第16話を最後に急遽打ち切られている。

『疑惑の家族』（放送期間：1988年10月12日～12月7日）

『疑惑の家族』に出演中の木村一八が、1988年11月25日、タクシー運転手に暴行を加えて逮捕された。そのため、第8話以降に彼は登場しないうえ、全11話を予定していた放送も第9話までで打ち切られてしまう。ちなみに、木村の暴行現場に居合わせた女優・相楽晴子は、その翌日に自身が司会を務める生放送番組『オールナイトフジ』（1983年～1991年放送）を、ショックと風邪を理由に休演している。

『フードファイト』（放送期間：2000年7月1日～9月16日）

草彅剛が主演する、早食い競争を主題にしたドラマ『フードファイト』は、特別編である『香港死闘編』『深夜特急死闘編』（共に2001年放送）も制作された人気作だ。その『深夜特急死闘編』の放送前、2001年9月3日から連続ドラマ版の再放送を予定していた。しかし同年8月20日、第3話のゲスト出演者・いしだ壱成が大麻所持により逮捕されたため、同話は欠番となる。全11話の『フードファイト』は、全10話となり再放送された。

なお、いしだが主役を務める舞台『大江戸ロケット』の関連番組である『大江戸ロケット・マニア』（2001年放送）の再放送も、同年9月2日に予定されていたが急遽中止。舞台も彼の逮捕当日に打ち切られている。

『盤嶽の一生』（放送期間：2002年3月5日〜6月18日）

浪人・阿地川盤嶽を役所広司が演じた『盤嶽の一生』は、全10話を予定しながらも第8話までで打ち切られている。第9話「げんこつ親分」に出演している仁科貴（川谷拓三の実子）が、2002年1月20日、大麻所持により逮捕されたためだ。ただし第9話と第10話は、2005年、時代劇専門チャンネルでの再放送で日の目を見ることになる。時代劇マニアは溜飲を下げたものだ。

『東京タワー オカンとボクと、時々、オトン』(放送日:2006年11月18日)

リリー・フランキーのベストセラー小説をドラマ化した『東京タワー オカンとボクと、時々、オトン』は、当初2006年7月29日の放送を予定していた。しかし放送の直前、主人公の幼馴染みという重要な役を演じていた山本圭一(極楽とんぼ)が不祥事を起こしたため、急遽放送は中止となる。その後、塚地武雅(ドランクドラゴン)を代役に立てて再撮影し、3カ月以上の延期を経て放送された。なお、山本が出演していたバラエティ番組の一部は、彼にモザイク処理を施し放送している。

こうした放送禁止タレントで思い起こすのが、2019年に再び逮捕された田代まさし。以前の逮捕、服役時には、CSでの再放送で彼の往時の姿を確認できた。当時のマーシーの精神状態を推察できて、なかなか感慨深い再放送なのである。

報道もエンタメする情報ワイドの落とし穴

　メディアリテラシーが深化しすぎて、マスコミそのものに疑惑の目が向けられている昨今。それは情報化社会がもたらした機能というよりも、自業自得の帰結なのかもしれない。我々がマスコミ不信に至るまでの過程には数々のやらせ事件があったわけで、何度も見せられたこちら側とすれば、いい加減うんざりしているというのも実情だったりするのである。

　世に衝撃を与えたやらせ事件の元祖は、『アフタヌーンショー』で放送された「激写！中学生女番長!! セックスリンチ全告白」（1985年8月20日放送）という、ものすごいサブタイトルのドキュメンタリーだ。東京都福生市の多摩川河川敷でバーベキューをしていた不良少年グループにカメラが密着するというその企画内で、女子中学生5人が不良少女2人からリンチされる一部始終が放送された。ところが、別の事件で逮捕された不良少女の供述から、放送された内容はディレクターが企画したものだったことが発覚。リンチ映像は、元暴走族のリーダーたちに謝礼金十数万円を渡し、知り合いの不良少女たちをキャスティングして撮影されたやらせ映像だった。

やらせを指示したディレクターは暴行教唆で逮捕され懲戒解雇処分となったが、騒動は収まらず、放送局であるテレビ朝日の田代喜久雄社長（当時）が『アフタヌーンショー』に生出演して陳謝。テレビ局のトップが自局の生番組で頭を下げるのは前代未聞の出来事で、番組スポンサーは全社降板、司会の川崎敬三も涙を流しながら降板を表明し、番組は即日打ち切りとなったのである。

やらせ番組は多数あるが、報道系番組をうたいながらやらせを繰り返したのは極めて悪質だろう。夕方ニュースの名物番組として高い視聴率を誇った『NNNニュースプラス1』も、ニュースのワイドショー（バラエティ？）化の波にのまれ、やらせを連発した挙げ句に18年の長い歴史に幕を閉じた。

「究極の美味！　幻のイセエビを探せ！」（2003年11月5日放送）では、スタッフが魚屋で購入したイセエビを地元漁師の網に掛かったということにして放送。しかも「1000匹に1匹しか獲れない幻のイセエビ」と偽って。このあまりに適当な放送で総務省から行政指導を受けたのだが、さらにその3週間後の「恐怖！　洗濯機が爆発」（2003年11月27日放送）では、袖口を縛るなど爆発しやすい状態をわざわざ作り出し、あたかも通常の洗濯で爆発事故が起きたかのように実験を捏造。そのほか「銀座・新橋・汐留のOL・サラリーマンが選ぶ店ベスト10」（2004年3月1日放送）では、番組制作会社のスタッフが投票数を偽造していた。

これだけを見ても、『NNNニュースプラス1』はすでに報道番組ではなかったと言える。そして番組自体の存在を揺るがす大きな打撃を与えたのが、2回にわたりスクープ映像と銘打って放送された「個人情報の入った名簿の売買」（2005年7月6日、9月19日放送）だった。名簿を闇で売買する男を3カ月も掛けて追跡取材したという触れ込みだったが、この男から名簿を買っていた顧客は番組スタッフの知人が演じていた。こうして番組は2006年3月の番組改変期に終了したのである。

『NNNニュースプラス1』のやらせ騒動はテレビ業界を震撼させ、これを切っ掛けにあちこちで更なるやらせ問題が噴出した。『めざましテレビ』では「めざまし調査隊」のコーナーでやらせ演出が発覚し、コーナーを即刻打ち切るとともに担当の外部ディレクターを契約を解除、取締役ら3人を減俸、減給処分にした。

NHKでもたびたびやらせ番組が問題となる。現在も放送中の『クローズアップ現代+』は、やらせによって大リニューアルを強いられた過去がある。

2014年5月に放送された「追跡〝出家詐欺〟狙われる宗教法人」では、寺院で儀式を受けて戸籍を変え、金融機関から多額の住宅ローンなどをだまし取る出家詐欺を取り上げた。しかし、ブローカーと多重債務者が実は互いに顔見知りで、しかもインタビューに登場した男性が「ブローカー役を演じるように依頼された」と明かして訂正放送を求めたのだ。

これはBPO（放送倫理・番組向上機構）の審議対象となる。NHKは調査委員会を設置して調べたところ「一部に隠し撮りのような過剰な演出があり、事実を誤認するなど裏付けの不十分だった点もあるが、事実の捏造につながる、いわゆるやらせは行っていない」と結論付けた。

しかしこの騒動が与えたダメージは大きく、その後まもなく看板キャスターの国谷裕子が降板。22年間続いた番組は一旦仕切り直すことになった。

悪質だったのが『白熱ライブ ビビット』。2017年1月31日に放送された多摩川河川敷のホームレスの生活に迫るという触れ込みの企画で、犬の多頭飼育をしているホームレスを「犬男爵」「人間の皮を被った化け物」と呼ぶなどやりたい放題。しかも、その男性を含むホームレスに事前に演技指導をし、用意したセリフを言わせていたことも発覚した。番組サイドは謝罪し「問題を伝え、ホームレスの境遇や心情に迫ろうとした」と釈明したが、さっぱり分からない。ただ単に、悪趣味バラエティー番組を作りたかったのではないだろうか。

放送局であるTBSの武田信二社長は、「大変不適切な内容だった」と全面的に謝罪。またBPOは「ホームレスに対する偏見と（取材対象者への）名誉毀損的な表現があった」と、審議対象としている。

作る方も作る方なのだが、ここまでくると糾弾するのもバカらしい気分になってしまう。「嘘か本当か」から始めなくてはならないなんて、メディアリテラシー以前の問題である。

モンスター視聴者のトンデモ意見

『24時間テレビ』『めちゃめちゃイケてるッ！』『おネプ！』『機動戦士ガンダムSEED』『仮面ライダーディケイド』『爆笑問題のバク天！』『ラジかる!!』……これらはいずれも、高視聴率を獲得した民法キー局の人気番組である。しかし、実はほかにも共通することがある。それは、全ての番組がBPO（放送倫理・番組向上機構）に刺されているという点だ。

無論、かつてのマスコミは圧倒的な強者であって、視聴者の不平不満は聞く耳持たぬという横暴なスタンスを取り、そこに大きな問題があったのも事実。そして現在彼らに寄せられる苦情の中にも、至極真っ当な意見はある。しかし、苦情の大半は単なる言い掛かりであったり、曲解したクレームや独りよがりの意見としか思えないものばかりなのが現状だ。

駆け込み寺と化している状況に、おのずと「BPOという組織は、なぜそれほどまでに権力があるのか？」という疑問が生じるのだが、結論から言ってしまうと、BP

Oはそもそも業界団体でしかない。しかし、実質的には総務省や旧郵政省との関係性が深く、そういう意味では政官の強い影響下に置かれている「業界団体の体をした日の丸系組織」と言える。それゆえ、テレビ局としては放送免許などの兼ね合いもあることから、「お上の言うことだから」と従うはめになっているというわけだ。

しかも、である。このBPOという組織の中には「放送と人権等権利に関する委員会（BRC）」を始めとする複数の議会が設けられているのだが、これらを構成する面々は、それこそ「なぜそこにいるのか？」という感が否めない文化人などが中心となっている。彼らがテレビ番組を熟知しているとは言えず、俯瞰して見れば、BPOは「テレビのことをよく理解していない人間が集まり、なぜか絶大な発言権を持っている威圧団体」としての側面が強いことに気付かされるのである。

このことは、日本民間放送連盟（民放連）会長・広瀬道貞（当時）が2007年の衆議院決算行政監視委員会で述べた「BPOの判断というのは、最高裁の判断みたいなもの」という発言に色濃く表れている。

事実上「ある種の威圧団体」となりつつあるBPOだが、その活動が激化したのはインターネットが普及し、定着した2000年以降である。大手掲示板サイトなどを中心に、「文句があるならBPOにクレームを入れればいい」という情報が一般の視聴者によって展開、共有化され、スムーズに通報ができるようなテンプレートまで用意されると、やがては特定の番組をやり玉に挙げて、通報を呼び掛けるスレッドまで乱立するようになった。

こうしたインターネット上で活動を展開する視聴者の中には、単に「自分が気に入らない番組を潰したい」という邪な思いからアクションを起こしている人もおり、結果、数多くの「言葉狩り」や「映像狩り」を生み出すことに結び付いてしまった。つまりBPOが出現し一定の活動を行うに至ったことを受け、それまで潜在的にクレーマー要素を持っていた視聴者に、図らずも火を付けたのである。そのため、現在ではクレームの質も低下している。

炭火で鶏肉を焼くシーンにクレームが入ったかと思えば、さらには渓流の生態系についてもクレーム。揚げ句の果てには、本来子供が寝ているべき時間に放送されている深夜番組について「子供のモラルを下げる」と言い出す始末。そもそも、そんな時間に子供を起きたままにしてテレビを見続けさせていること自体、子供のモラルを下げてしまうと思うのだが、そうしたことはお構いなしに一方的な抗議を執拗に行うのが、昨今のモンスター視聴者の実態なのだ。

心ない視聴者と、それを真に受けるＢＰＯの力によって、今やテレビ業界は確実に追い詰められている。一般視聴者の告げ口を妄信する検閲機関など、文化を衰退させる単なる威圧団体でしかない。

震災の影響で放送を自粛したウルトラシリーズの名作

東日本大震災が発生した2011年3月、ファミリー劇場は『ウルトラセブン』の放送中だった。しかも、映像と音声のクオリティが格段にアップした、デジタルリマスター版の初放送だ。しかし11日の震災発生、その後の原発騒ぎで日本中が混沌としている最中、3月20日放送予定の第26話「超兵器R1号」が放送を見送られた。同話は次のようなストーリーだ。

水爆8000個分に相当する威力を持つミサイル・R1号の試射において、実験場に選ばれ粉々に破壊されたギエロン星から、復讐の権化となった怪獣が地球に襲来するがセブンに葬られる。事件の収束後、ギエロン星を生物が住めない星と断定し、実験場に選んだことを猛省する兵器開発スタッフたち。「迂闊だった」「万全の配慮が必要だった」……どこかで聞いたようなセリフだ。そして核兵器開発に反対だった主人公のダンが、兵器開発競争への懸念を込めて言う。「それは、血を吐きながら続ける悲しいマラソンですよ」。第26話自体がシリーズ屈指の名作であるとともに、このセリフもまた、シリーズ屈指の名ゼリフとしてファンの間で語り継がれている。

そんな名作が、なぜ放送を中止されたのだろうか。東京郊外に飛来したギエロン星獣はまるで人類に仕返しするかのように、体内に蓄積したR1号の放射能灰を口から吐き散らす。荒れる野の花、清流。緑豊かな美しい山野は、黄色いガス状の気体として表現された死の灰によって汚染される。やがてその黄色い死の灰は、風に乗り都心へと迫っていく。強烈なインパクトを与えるこのビジュアルは、時節柄、現実的な恐怖を国民に与える不適切なシーンだったのだろう。

それにしても、ファミリー劇場は素早い対応をした。当然『ウルトラセブン』を見る余裕のある被災者は皆無だったろうが、国家的災害下においての国民感情に配慮した正しい措置と言えよう。

さて第26話「超兵器R1号」の放送中止を受けて、ファンの間では次にくるであろうウルトラシリーズの放送自粛作品が話題に上った。それは『帰ってきたウルトラマン』の第13話「津波怪獣の恐怖 東京大ピンチ!」、第14話「二大怪獣の恐怖 東京大龍巻」である。案の定、ファンの予感は的中した。ファミリー劇場では『ウルトラセブン』の放送終了後、続けざまに『帰ってきたウルトラマン』の放送を開始。異変は2011年11月19日に放送された、第12話終了後の予告編で起きた。次回予告が第15話「怪獣少年の復讐」になっていたのだ。

飛ばされた第13話と第14話は前後編のエピソードである。西イリアン諸島に生息する怪獣シーモンスが、産卵に必要な石材を求めてセメント工場のある東京湾岸に上陸した。「シーモンスをいじめるとシーゴラスが怒り、海も天も地も怒る」といった内容の原住民の歌を警戒する、主人公の郷隊員は言う。

「歌の通りだと身の毛もよだつ何かが起こりますよ」

そこでMAT(怪獣攻撃隊)は、セメント原石を大人しく食べるシーモンスに対し静観の構えを取った。しかし、MATを無視した自衛隊がシーモンスを攻撃。驚いたシーモンスは誰かに呼び掛けるかのように吠えまくる。すると伊豆沖からオスのシーゴラスが出現。呼応する2大怪獣の咆哮は、やがて海面に不気味なうねりを生じさせた。津波だ。「身の毛もよだつ何か」とは、シーゴラスの起こす津波だったのだ。

やがて、超巨大な津波が東京湾岸に迫り来る。セットのプールを使用した「水落とし」と呼ばれる仕掛けは、御大・円谷英二から引き継いだ伝統芸の水特撮だ。東京は絶体絶命のピンチ！　そんな時、津波の前にウルトラマンが立ちはだかる……というシーンで「つづく」。

第14話の冒頭、ウルトラマンによる一世一代の超能力、ウルトラバリアーによって津波は沖へと逆流。東京はすんでのところで救われたのだが、大技で体力を消耗したウルトラマンはシーモンスに敗退。やがて上陸したシーゴラスは、シーモンスとの夫婦タッグ攻撃で今度は竜巻を発生させ、湾岸はメチャメチャに。海の怒りである津波の次は、天と地の怒りだ。

再び挑むウルトラマンだが、息ぴったりの夫婦コンビネーション攻撃に大苦戦。ここでMATは新兵器レーザーガンSP-70で、竜巻を発生させるシーゴラスの角を破壊しウルトラマンを援護。人人しくなった2頭の怪獣は、産卵のため故郷へと帰って行く。怪獣を退治せずに「元気な子を産めよ」と見送る男気のウルトラマン。

初代『ウルトラマン』で科学特捜隊の隊長ムラマツを演じた小林昭二がゲストとし

て登場し、今回のウルトラマンのスーツに入っている菊池英一も顔見せする。極め付けは、この回から特殊技術を担当する佐川和夫による劇場映画並みの特撮だ（この2本は実際「東宝チャンピオン祭り」で劇場公開された）。ところが放送自粛の要因となったのが、皮肉にもその素晴らしい特撮シーンだったとは。津波による大殺戮もなく、夫婦愛とこれから生まれる新しい命を尊ぶウルトラマンという点で、救いのあるエピソードではあったのだが……。

特撮作品に放射能や津波は付き物である。あからさまな表現を含むエピソードに関しては、これからも放送を自粛するものが出てくるだろう。どれが該当するのか、ここではあえて言わないが。

報道パニック！
高レベルの放送事故と永遠の第三者

テレビに映し出された被災地の映像は、どれもショッキングだった。東日本大震災が日本史上、未曾有の災害であるということに誰も依存はないだろう。そうした想定外の出来事に対峙した時、人は人間性が出るものである。

パニックに陥っていたのは被災者ばかりではない。その情報に接した国民の大半もそうだし、そこには報道機関に携わる人も含まれている。ゆえに、いつものごとく噴出したマスコミの問題行動は、もはや先天的なものと断言せざるを得ないだろう。

同じようなシチュエーションで考えれば、規模や状況は全く違うが、1995年の阪神・淡路大震災でもマスコミの加熱取材は問題視されていた。報道陣が大挙して詰め掛けた簡易避難所、そこで彼らが取った行動は「重傷の被災者を探すこと」だったと言われる。人的被害の大きさを分かりやすく伝えるためのサンプルとして。さらに上空の取材ヘリコプターが瓦礫の中で助けを求める被災者の声を掻き消し、現地入りしたスタッフが被災者に先んじてコンビニで弁当をまとめ買いした。これは2004年、新潟県中越地震の際にも見られたことである。

もはやメディアスクラムは、日本のお家芸なのかもしれない。2011年にニュージーランドで発生したカンタベリー地震では、立ち入り禁止となっていたクライストチャーチ病院に侵入した日本人記者2人が当局に拘束され、非常線を破った日本人レポーター5人が取材許可を剥奪され退去処分となっている。また、行方不明者を含む日本人被災者の家族が現地入りした際にも、バスを日本の報道陣が幾重にも取り囲んだ。日本のパパラッチによる異様な光景は、現地の人々を驚かせた。

実はマスコミは、阪神・淡路大震災の総括を済ませていない。急を要し、さらに特ダネというよりも特オチを最も不名誉と考える彼らにとって、ライバル同士がうわべだけの不可侵条約にも似た紳士協定を結ぶことほど、不得意なことはないのだ。そもそも、政治家のオフレコ発言を無視できる特権が彼らにはある。特ダネのために協定を破棄することなど珍しくもない。協定破棄を非難されれば彼らは言うだろう。「国民には知る権利がある」と。

阪神・淡路大震災の際にヘリコプターで現地入りした筑紫哲也が、火災の煙に包まれた神戸の様子を「何か温泉街に来たような気がします」とあまりにも見たままののん気な例えでレポートして非難されたが、それと同じようなマスコミ人特有の現実との齟齬は、東日本大震災でも変わっていなかった。

地震発生翌日の2011年3月12日、菅直人首相の会見の直前、フジテレビの報道特番でスタッフの音声が中継されて物議を醸した。

男性「ふざけんなよ、また原発の話なんだろどうせ」

女性「あはは、笑えてきた」

これが誰の発言なのかは特定されていないが、フジテレビの人間のものであることは間違いない。同局広報部は、混信が原因だったとしたうえで「緊急中継時の音声機器のトラブルによるものですが、このような音声を放送してしまったことに強く放送責任を感じております」とコメントした。

また、日本テレビで同月14日に放送された情報番組『スッキリ』では、気仙沼市の被災地からの中継で、カメラが切り替わったことに気付かなかった男性アナウンサーが「本当に面白いね～」と談笑しているシーンが流れてしまった。これに対してインターネット上では「緊張感がない」「こういう時に人間性って出るもんやな」「面白いはダメだろ」などと非難が殺到。ふと気を抜いた一瞬だったにしろ、震災のショックに日本全体が覆われていた時期だけに視聴者の反応は厳しく、これを受けて日本テレビはこの男性アナウンサーを厳重注意した。

「カメラを構えると、自分の身の危険はどうでもよくなる」

それはジャーナリスト魂と言えば聞こえはいいが、言い方を変えれば「心ここにあらず」ということでもある。となれば、マスコミは現場に存在しながら、実は存在していないということになる。伝えることを第一義とするなら、新聞なら紙面となってこそ、テレビなら放送されてこそ。それゆえ、取材を口実にした現場での粗相や常識のない振る舞いは彼らの中で問題にされることはなく、被災者と視聴者の反感を買っても気付かないのである。被災地の上空を旋回する報道へリコプター、道を塞ぐ中継車両、被災者に投げ掛ける残酷な質問、まるで物見遊山のようなレポーター。

彼らは視聴者の喜怒哀楽という条件反射を狙い撃ちするのは得意だが、演出のさじ加減は苦手とする。とりわけ民放の震災報道で問題視された演出過剰な現地レポートは、報道というよりもバラエティ番組で培った手法のように思える。淡々と事実を報道するだけでは物足りないとでも言うように。

震災から時間が経つにつれて、多くの避難所では「マスコミ立ち入り禁止」の紙が貼り出されるようになった。これはある程度落ち着いて、プライバシーに配慮できるようになったからでもあるが、やはりマスコミに対する不信感も大きい。地元紙を優先する避難所もあり、これに対して他社からクレームがあったと言われるが、そういう状況を生み出したのはほかならぬ自分たちであり、そのことに思い至りもしないとは呆れるばかりだ。

一部の避難所では「記者たちから何かを尋ねられたら、ボランティアということにして取材を断るように」との通達すらあったという。

ある全国紙記者は次のように語る。

「大きな被害を受けた被災地はマスコミの数も多く、それが煩雑になったようだ。こちらも真摯に申し込まなければ取材に応じてくれないが、実は被災者側も伝えたいことは多い。それでも突然訪れてカメラを回し、いつの間にかそれが放送されるということも多く、取材を拒否せざるを得なくなった」

かなりレベルの高い放送事故を連発したマスコミではあるが、一部で信頼に足る報道があったのも事実である。

被災者に尋ねる「今必要なもの」。一刻を争った被災地の医療現場。行方不明の親族に宛てた私的なメッセージ。大きな余震の緊急速報。これらはどれもマスコミの原点であり、テレビというメディアが強力なインフラとして存在することを再確認させられた。それが気のせいでなかったことを祈るばかりである。

国民感情が爆発！ 韓流偏重が招いた騒動

過去、これほどまでにテレビが疑われた時代もなかっただろう。このような状況を今は亡き陰謀論の第一人者である太田龍ならば、やはりフリーメーソンの仕業と言うのだろうか。

陰謀論が日々アップデートされていくどころか、多方面から新たな陰謀論が見出される今日この頃、陰謀にまみれた世界に飽き飽きという人も現れ始めている。くれぐれも陰謀論のカリスマ不在であることが悔やまれる。

2011年のテレビ陰謀論は、フジテレビに集約される。その発端は、ある俳優の発言だった。

高岡蒼佑（当時は高岡蒼甫）は、この一件以降、所属事務所から契約を切られ、妻の宮崎あおいとは離婚、芸能活動に大きな支障を来たすことになるわけだが、その原因となったのがツイッターでのフジテレビ批判である。

正直、お世話になったことも多々あるけど8は今マジで見ない。
韓国のテレビ局かと思うこともしばしば。しーばしーば。
うちら日本人は日本の伝統番組求めてますけど。
取り合えず韓国ネタ出てきたら消してます。
ぐっばい。（2011年7月23日の書き込み）

この書き込みだけを読めば「嫌韓の人」といったニュアンスだが、高岡には日韓の狭間で立ち位置に苦慮した過去がある。

2006年、井筒和幸監督による映画『パッチギ！』が韓国で公開された際、プロモーションで韓国を訪れた高岡は『朝鮮日報』（2006年3月12日付）の取材に対して次のように語った（とされている）。

「個人的には日本という国はあまり好きではない。韓国に対し、日本は卑劣なように思える。日本政府は正しい情報を国民に伝えるよう願う」

記事では、高岡は日本の教科書問題や独島（竹島の韓国名）問題などにも「堂々と意見を述べた」とされているが、その内容までは掲載されていない。記事にある高岡のコメントは誰が読んでも反日的だったため、高岡のブログには批判意見が殺到し炎上、やがて閉鎖に追い込まれた。後に高岡が語ったところによれば『朝鮮日報』の記事は事実と異なり、「卑劣なんて言ったこともない」と内容を全否定している。

その騒動について知っていれば、今回の高岡の発言は、突発的なものではなかったことが分かるだろう。

高岡の発言は、ある程度的を射ていた。一部には同じ嫌韓心理を持つ人がおり、高岡はまるでその心理を代弁し、さながら同士を鼓舞する指導者のようだった。しかし高岡は、彼らのカリスマとはならなかった。高岡は事務所を解雇され「ひとつの呟きからの大きな波紋により、事務所の関係各位にはご迷惑をお掛けしました」という謝罪文を、マスコミ各社にＦＡＸした。そこには「妻は思想的に無関係である」という一文も添えられていた。

ここに陰謀論を焚き付ける要素が幾つもある。仕事上の重要なクライアントを批判したということは分かるが、なぜ早々に高岡は解雇されてしまったのか、その経緯が全く分からない。どこに、どのような迷惑があったというのか。そしてなぜ「妻は無関係」という一文があるのか。一体誰が高岡を封殺しようとしているのか。

高岡は後に、自分の精神状態や妻の話題を取り上げるぐらいなら、もっと国民に知らせるべき問題があるとして、外国人参政権・人権侵害救済法案の反対を呼び掛けている。彼の呟きはその場のノリではなく、意図的ないしは政治的な発言だったのは間違いないだろう。

高岡はカリスマとはならなかったが、この騒動を切っ掛けにフジテレビ抗議デモが発生、スポンサー企業などに対して不買運動も起きることになる。この一連の動きに識者の意見も大きく割れた。注目される意見には、次のようなものがある。

片山さつき（政治家）「彼が提起し皆さんが共有する危機感に焦点を当て、攪乱勢力を排していきましょう」

高城剛（ハイパーメディアクリエイター）「あらためてテレビ利権およびそこにぶら

下がる既得権益の芸能プロダクションの問題が問われることになっている」

ふかわりょう（タレント）「（事実なら）影響力がすごい公共の電波を使って、一企業の私腹を肥やすようなやり方を推進するのは違反だと思う」

田村淳（タレント）「じゃあ見ないという選択でよくない？」


高岡の一言は嫌韓ムードをあおったが、当の高岡はそのムーブメントの渦中にはおらず、2011年12月末にはテレビ朝日のワイドショーのインタビューで次のように答えている。

「タブーとかいう話をされていたんですけど、タブーの意味が分からなかった。ここまで大きな問題になるとは思わなかったので」

さりげない部分だが、具体的ではないにしろ、実際に「タブーがあった」と明らかにしているのは大きい。そしてそのタブーが芸能界において絶対であることは、高岡の置かれた境遇を見れば何となく分かるというものだ。

高岡の一件があったことを前提として、フジテレビ系列のドラマでさまざまな疑惑が噴出した。

低視聴率で打ち切り寸前となったリメイクドラマ『花ざかりの君たちへ イケメン☆パラダイス 2011』は、第5話「絶体絶命」（2011年8月7日放送）のある場面が問題となった。具体的には、前田敦子が着ていたイエローのTシャツに記された文字である。胸に大きく「FRIENDS」、その上には「FOOLONTHEHILL」、そして背に「LITTLE BOY」と書かれていた。

まず、最も問題視されたのは「LITTLE BOY」だ。放送された日も非常に含みがある。放送日は8月7日、つまり広島原爆記念日の翌日。そして「LITTLE BOY」とは広島に落とされた原爆のコードネームにほかならない。それではフロントの文字は何なのか。ここでもさまざまな解釈が飛び交った。

「FOOLONTHEHILL」とは「フール・オン・ザ・ヒル」。ザ・ビートルズの楽曲名である。これは間違いない。ポール・マッカートニーの哲学的な歌詞は難解だが、地動説を唱えて断罪されたガリレオ・ガリレイについてシニカルに歌っている。しかし、陰謀論の見地に立てば、そのような解釈にはならない。

直訳すれば「丘の上の馬鹿」となるところを「島国の馬鹿」と曲解。そして「H

ＩＬＬ＝丘＝岡」すなわち『高岡とその友人、もしくは指示者」という解釈も成立してしまう。そいつらに「リトルボーイをお見舞いせよ」というメッセージだと、被虐的な陰謀論者たちは読み取ったのである。

高岡の一件が話題となった頃にはドラマの収録は終わっていたはずで、タイミング的に放送とフジテレビ抗議デモが重なったのはある意味引きの強さを感じるが、それ以上でも以下でもない。ただ放送日は最初から決まっており、そこに「ＬＩＴＴＬＥ ＢＯＹ」のＴシャツを合わせるというのは、あまりに不自然ではある。ここに陰謀論を一笑に付すことができない違和感があるのだ。

次に問題になったのは、暗くシリアスな展開で話題となったドラマ『それでも、生きてゆく』の第10話「対決の果てに」（２０１１年9月8日放送）の一場面で使われた小道具である、写真週刊誌の表紙デザインだった。その上部には「ＪＡＰ18」という単語がある。ＡＫＢ48的な架空のアイドルグループとして、メンバーのグラビアが掲載されている設定のようだ。

陰謀論者の見解でなくとも「ＪＡＰ」が日本人の蔑称ということは分かる。そして

「18」という数字だが、韓国で「18」は「FUCK YOU」の隠語である。

これに対して、インターネット上では過剰な反応を見せた。これまでの騒動もさらにヒートアップしていくことになる。

そして、陰謀論がクライマックスを迎えたのは『僕とスターの99日』(2011年放送)である。これは日本製韓流ドラマといった内容で、韓国人女優のキム・テヒを主役に迎え、韓国のアイドルグループである2PMのメンバー・テギョンが出演することでも話題になった。

同作において最大の問題となったのは、キム・テヒの過去である。2005年、キム・テヒはのスイス親善文化大使としてスイスを訪れた際「独島愛キャンペーン」を展開、竹島問題に対して「独島は我らの領土」とアピールしたのだ。こうした政治性は日本での芸能活動の障壁となるため、往々にして慎重な姿勢を取るが、政治性の強いキム・テヒのキャスティングに、またもや陰謀論が盛り上がることになる。

そもそもフジテレビバッシングが盛り上がっているのだから、火に油を注ぐ行為なのだ。「韓国政府の裏金」「すでに買収されている」「プロパガンダに注意」……さまざまな憶測が飛び交ったが、幸か不幸か視聴率が振るわなかったことでこの騒動は縮小した。ところが第1話「まさかの恋はまさかの期限付き……　警備員×女優！　キケンな2人のフルスロットルラブ」（2011年10月23日放送）のある場面が、韓国側で大きな問題となった。

子供たちが地球儀を使って韓国の位置を確認する際、「竹島」と「日本海」の表記が大写しになったというのである。これに過剰に反応したのが韓国側で、同国のインターネットメディアでは「フジテレビは、再放送やソフト化の際には削除すると答えた」と報道している。この報道に再びフジテレビバッシングが加速、多くの苦情が寄せられたが、フジテレビの広報部は再放送における削除を否定した。結局、修整されずに再放送されている。

フジテレビに対する監視の目は完全に定着した。バッシングはいつまで続くのだろうか。なお、韓流偏重についてフジテレビは公式コメントを発表している。

①放送法に定められた自社番組編成の編成権を堅持したうえで、広く視聴者ニーズに応える番組制作・編成を行っており、放送する番組は、総合的かつ客観的に判断して

いる。

②グループ会社が音楽著作権を所有している楽曲を、番組やイベントなどで使用し宣伝行為を行っているという指摘があるが、番組やイベント内容に適した作品を選択した結果であるにすぎない。

③スポーツ中継の公平性は保たれている。番組の放送時間や情報の入ってくるタイミングなどで、情報が放送されない場合もある。決して意図的な部分はない。

③(議決権を有する)外国人株主比率は法律にのっとり常に20%未満で抑えられており「放送法違反」に該当することはない。

噴出する陰謀論の全てを否定している。組織ぐるみというのはどこからどこまでを指すのか分からないが、韓流ドラマを放送し韓国人タレントを起用し、ワイドショーで積極的に取り上げるのは、それが独断に基づいていない以上、個人の采配ではありえない。影響力を前提に存在するテレビというメディアが、そこに何らかの意図を含んでいないはずはないのだが、それは陰謀というより、収益を優先した結果と言った方がいいのかもしれない。

メディアリテラシーは陰謀論とセットである。昔のように安易にブームが作れない時代に、複雑な国民感情を抱えたネタを無理矢理商品化した結果、厳しい対立が起きてしまった。

ブームの消費速度は恐ろしく速い。有象無象がブームに乗ろうとすれば、あちこちに軋みが生じてくるのも仕方がない。仮に最終的には国境を越えた民族同士の協和という崇高なコンセプトがあったとしても、それが文化侵略、または経済侵略と見なされてしまえば本末転倒である。

結局、対立の火種になってしまうのは避けられず、そろそろ戦略を根底から見直すべきなのではないだろうか。韓流ブームとは、最も偏向報道に不向きなテーマだったようである。

視聴率のために消費される命　動物タレントの悲劇

　動物が数字を持っていることは、すでに数々のテレビ番組が証明している。とりわけ震災以降、人間を和ませ、絆さえ感じさせるペットの存在感たるや、ただ単に画面の端に少し姿を見せているだけでも、視聴率が数%上がるのは確実と言われているくらいなのだ。

　しかし、ペットに注ぐ愛情が偽物どころか最初からそんなものはなく、あるいはそこに打算的な部分が少しでもあることが分かれば（ないことはないと思うが）猛烈なバッシングにさらされてしまう。そういう意味では、動物をキャスティングするのはそれ相応の覚悟が必要なのである。

　日本テレビの朝の情報番組『ＺＩＰ』（２０１１年〜放送中）にレギュラー出演していたサモエド犬・ＺＩＰＰＥＩ兄弟。ロシア・シベリア原産の犬種で、特徴である笑っているような口元はサチエドスマイルと呼ばれ親しまれていた。知的で警戒心の少ない性格ため、バラエティ番組に持ってこいというところだ。同番組には、この兄弟犬がミュージシャンのＤＡＩＳＵＫＥと日本全国を旅する「ＺＩＰＰＥＩスマイルキャラバン」というコーナーがあり、その模様は毎週金曜日に放送されていた。

動物の触れ合い旅企画。イベント会場には１０００人近く集まることもあったというが、実は視聴者からある指摘が相次いでいた。ＺＩＰＰＥＩは吠えるしぐさをするのに、鳴き声がほとんど聞こえなかったのだ。これについて日本テレビは、驚愕の事実を公表した。ＺＩＰＰＥＩは2匹とも声帯除去手術を受けていたという。

ただし、手術は番組起用の前。声帯除去手術が番組起用の条件だったわけではないという。それでもやはり違和感は残る。この事実を知った後には、それまでの「かわいい」が「可哀想」に変わるような。

ブログでは「ＺＩＰＰＥＩスマイルキャラバン」の様子を確認することができ、しかもＺＩＰＰＥＩがツイッターで呟いている。何という皮肉であろうか……。

よくタレント犬は短命と言われる。例えば、テレビ東京の人気動物バラエティ番組

『ペット大集合！ ポチたま』（2000年〜2010年放送）に出演していたラブラドール・レトリバーのまさお君は、満7歳にして病死。その後を継いだだいすけ君も6歳で病死している。

もっともこの2匹に関しては、徹底した健康管理が行われていたと言われる。目的地直前まで車で移動し、連続して30分以上は歩かせない、天候や気温に気を配り、コンディションがあまりに悪ければ収録を見送るなど、タレントとしてもかなり大御所扱いをされていたのである。だが、ラブラドール・レトリバーの寿命は10年から14年と言われているため、それに比べればやはり2匹とも早世だ。タレント犬という特殊な存在は、やはり普通の生活ではないのではなかろうか。そういう意味では、タレント犬の命はメディアに消費されてしまったと言えるだろう。

動物の命が犠牲になるのは、ドラマでも同じである。

R.E.D.と呼ばれる国際的な動物専門総合病院を舞台にして、獣医師を目指す若き研修医の奮闘を描いた連続ドラマ『ワイルドライフ』（2008年放送）。その原作は藤崎聖人による同名の連載漫画で、原作と同様に命の大切さを伝えるのが趣旨のドラマだった。このドラマはＮＨＫ ＢＳ ｈｉで全3話放送されるはずが、思わぬアクシデントのため2話に短縮されてしまう。撮影していた秋田県の大森山動物園で、第3話に出演する予定だったキリンの親子が相次いで急死したからである。

第3話は、２００1年から２００2年に掛けて実際に同園で飼育されていた義足のキリン・たいようをモデルに、キリンの命を救うため主人公が奔走するというストーリーだ。死んだキリンのうち1頭は、たいようの父とリリカとの間に生まれた生後5カ月のひまわりで、たいようの異母妹に当たる。

大森山動物園はＮＨＫから企画の提案を受け、撮影を許可。２００7年末から撮影が開始された。しかし、撮影直後にリリカの体調が思わしくなくなり、3日目にはひまわりも衰弱した様子を見せたという。そのため撮影は休止されたが、3日後にリリカが循環器不全のため急死し、後を追うようにひまわりも死亡。ひまわりの胃には潰瘍があり、極度のストレスがあったことがうかがえたという。

出演するはずだったキリンが2頭とも死んでしまったため、制作会社は撮影の継続が困難と判断、ＮＨＫと協議したうえで放送は中止された。大森山動物園は「撮影と死の因果関係は不明だが、2頭の死という悲しい事実がある以上、仕方のないことで残念だ」とのコメントを発表した。

キリン急死の原因は不明なのだが、幼いひまわりを母親のリリカから初めて引き離し、1日あたり3時間から4時間も掛けて撮影していたという。ひまわりはもともと丈夫なキリンではなかったとの証言もある。この大きな環境の変化が、何かしらの影響を与えなかったとは言い切れない。また、撮影を許可したのは動物園側だが、制作会社は動物の生態の専門家ではない。動物園とNHK、そして制作会社。このうち責めを負うべきなのはどこなのか、非常に曖昧になっている。

命の尊さを描こうとするドラマの制作過程で、出演する動物の命が失われてしまうとは、皮肉以外の何ものでもない。そして、その後のそれぞれの対応を見る限り、命の重さは限りなく軽いように思えて仕方がない。動物の命は、お茶の間の感動のために消費されるのだ。

昔から動物バラエティはPTAにも非常に受けがよく、スポンサーも付きやすいと言われていた。そして視聴率も悪くない。やはり動物は数字を持っているのだ。

ただ、現在も多方面から疑惑の目で見られている日本テレビの『天才！ 志村どうぶつ園』（2004年〜放送中）は、開始早々に問題が起きた。レギュラー司会者として登場したオランウータンのチカちゃん（メス・5歳）が、ワシントン条約に抵触していたため即降板となってしまったのである。

このオランウータンは、インドネシアから1年契約のレンタルで国内の某動物園が輸入していた。だがワシントン条約では、絶滅のおそれのある動物を商業目的で輸出入することを禁じている。テレビ出演は商用行為となり許可されない。結果、このことが明るみに出るとチカちゃんはインドネシアに強制送還されてしまった。

このように『天才！ 志村どうぶつ園』は企画色の強い動物バラエティ番組であるため、しばしば議論を巻き起こす。そして2011年に大いに注目されたのが、動物と話せる女性・ハイジである。ハイジの素性はハッキリしないが、要は動物の言葉が分かるというスピリチュアルなカウンセラーである。もちろん動物の言葉が分かるといっても、それは立証不可能であり、信じるか信じないかは受け取る側の問題だ。嘘だマヤカシだと言っても無駄なのだが、BPO（放送倫理・番組向上機構）のホームページには次のような視聴者の意見が掲載されている。

「動物の気持ちを言葉にできるという女性が飼い主に気持ちを伝えるコーナーだが、

問題ではないか。動物の気持ちはコミュニケーションを取っていれば確かに分かるだろうが、それをわざわざ心をえぐるような言葉に変換し演出することはスピリチュアルそのものだ。このような番組は子供に見せられない」

ハイジによって救われる人もいるとは思うが、それはあくまでもオカルティックな観点に立っての話である。この件がスピリチュアルブームの単なる延長であってほしいと願う。

消える特撮俳優の謎

昨今の特撮番組はマーケティングが鋭く進み、大口スポンサーによる関連ホビーが子供のいる家庭の家計を直撃している。「番組自体がおもちゃのCM」という指摘は今に始まったことではないのだが、現在、そのターゲットは子供だけではなく、かつての子供たちにも及んでいる。

少子化の時代、企業としてはやむを得ないところだが、利益を求めるがゆえ、やり口はいささかあざとい。過去のレジェンド級ヒーローの力を借りて戦う、もしくは過去のヒーローがそのままの姿で登場するという展開が必ずあり、それに付随して当時のホビーを再販するのはもちろんのこと、新たなバージョンで現行ヒーローに組み合わせるなど、あの手この手で視聴者層を拡大しようとしているのだ。

当然ながら、そうなると過去の演者たちにもゲストとして特別出演する機会が与えられる。しかし中には、いろんな事情で再登場が難しいヒーロー俳優も存在する。

記憶に新しいところでは、歌謡ユニット・純烈の人気メンバーだった友井雄亮。彼は『仮面ライダーアギト』（2001年～2002年放送）で野性味に溢れる仮面ライダーギルス役を演じていた。その後、俳優活動は低迷していたものの、2018年の『NHK紅白歌合戦』に出場するなど、歌の世界でリベンジを果たしている。ところが、そんな矢先にDV騒動が発覚。被害者は複数で、誓約書まで書かされているにもかかわらず、女性の貯金を使い込むわ、流産させた過去も明らかになるなど心象は最悪。友井はこの騒動で引退したが、一方で酷使されたギルスのスーツも腐食して廃棄されたと言われており、ギルスともども表に出ることはないだろう。

子供に夢を与えるヒーローは、その立場にそぐわない行為を犯したら一発退場となる。2018年4月、『仮面ライダー鎧武』（2013年～2014年放送）で仮面ライダーデュークを演じた青木玄徳が、路上で女性に抱き付いて胸を触り、怪我をさせたとして強制わいせつ致傷容疑で逮捕された。青木は取り押さえようとした通行人を振り切って逃走していたが、あろうことか現場に自分の写真入りの宣材資料を落としていたため犯行が発覚したという。逮捕後、青木は容疑を認め「酒に酔って気が大きくなった」と供述している。

なお、青木は漫画『パタリロ！』の舞台でバンコラン役を演じていた。逮捕されたのは実写映画の公開直前。映画は一時公開延期となったが、2019年6月にそのまま公開された。はまり役だっただけに、何とも言えない無常さが漂う。

『仮面ライダーカブト』（2006年～2007年放送）で仮面ライダーサソードを演じた山本裕典は、2017年3月に「契約内容に違反したため」という曖昧な理由で事務所から解雇された。彼にはそれまで数々のスキャンダルが伝えられてきたことから、本人の素行に問題があったのでは……という憶測が広まったが、現在も真相は不明のまま。なお、山本は2019年3月に芸能活動を再開している。


「正義のヒーロー」という特権を用いてファンに金を無心し、トラブルになっていることが発覚したのが、1980年代のある人気特撮番組に主演したTだ。

Tは元自衛隊員との触れ込みで、アクションシーンも自らこなし、主題歌・挿入歌も歌い大ヒットを記録している。つまり、当時リアルタイムで番組を見ていた子供たちにとっては、彼は憧れのヒーローそのものだった。

被害者の1人であるAさん（40代女性）は、Tの公認ファンクラブ掲示板（現在は閉鎖）経由でTから直接メールが送られ、連絡を取り合うようになった。すると次第に、金を無心するメールが届くようになった。

「『彼は今、お金に困っているだけ。助けてあげられるのは私しかいない』って。メールは昼夜問わず届いて、正常な判断ができなくなっていたのかもしれません。気付いたら総額が２４００万円になっていました。借金まみれでした」

騒動が拡大したのは、被害者が複数いたことが発覚したためだ。その多くが、Tのファンクラブを通じて集まったファンたちで、中には十数年に渡って金を渡している女性もいた。その手口はAさんと全く同じである。

こうした被害をまとめ、Aさんらは総額５０００万円の借金返済を求めて訴訟を起こした。実は特撮ファンの一部では、Tの金絡みの黒い噂は以前から問題になっていたという。

ヒーローを演じる際には、特別な責任が付きまとう。もちろん、役者としての単なる仕事ということはよく分かる。素顔は全然違うということも。だが、ファン心理を巧みに利用し、偽りのヒーローの顔で悪事を重ねるのは、悪の手先が最も得意とするやり口である。

『砂の器』の変わりゆくタブー

数ある松本清張作品の中でも、『砂の器』という小説に対する高い評価は、間違いなく映画版（1974年公開／野村芳太郎監督）の功績によるところが大きい。映画ではひねり過ぎたトリックは採用せず、連続殺人を丸ごと端折っている。結果、原作のミステリー小説としての側面は削られ、犯人の半生をたどる重厚なヒューマンドラマに仕立てられた。野村監督の狙いは見事成功し、同作は数々の映画賞を受賞。その評価は現在も全く揺るがない。

この映画版が地上波で放送されることはほぼないが、テレビドラマ化の際に大きな修正が加えられるのが、犯人の出自に関するある秘密である。

犯人がひた隠しにしながら、最後まで逃れられなかった宿命、それが物語の核である。姿形は同じでも、実は脆くてはかない『砂の器』。そのイメージに託された、1人の人間の虚飾の仮面が、ひとつの殺人事件によって剥がれ落ちていくのだ。

映画版では、和賀英良が天才ピアニストという設定になっており、劇中で叙情的なピアノ協奏曲『宿命』を発表する。曲作りに打ち込む和賀と同時進行で、和賀の過去をたどる地道な捜査の過程が描かれ、初披露される『宿命』をBGMに和賀の悲劇的な過去が明らかにされていく。和賀を演じる加藤剛の全てを出し切ったようなすがすがしさ。逮捕状を手にコンサート会場に向かう、警視庁の今西栄太郎（丹波哲郎）の険しい表情。激寒の海岸、あるいは酷暑の山道をあてどなく放浪する巡礼姿の父子の道行きが、悲愴かつ荘厳なピアノの旋律に乗せて描写される。このクライマックスには松本清張も感服したと伝えられる。

『砂の器』最大の謎となっている宿命とは、本浦秀夫（和賀英良）の父・千代吉がハンセン氏病を患っていたことにある。かつては業病と言われ差別の対象となっていた時代、千代吉はそのため故郷を追われ、放浪を余儀なくされた。その途中で父子は優しき理解者に会い、ようやく放浪の旅は終わる。父は療養所に入り、子はその理解者に育てられることになった。

しかし旅は終わらなかった。子は宿命から逃れるべく再び放浪し、密かに戸籍を変えて別人の人生を歩もうとした。それでも宿命から逃れることはできなかった。

映画は原作通りに進むが、計画段階から「ハンセン氏病の差別を助長する」「現在でも放浪を余儀なくされているという誤解を生む可能性が高い」などと、全国ハンセン氏病患者協議会（現・全国ハンセン病療養所入所者協議会）が製作中止を要請。しかし、最終的には誤解を払拭する措置、すなわち映画の最後に次の文章を入れることで公開が実現した。

「ハンセン氏病は、医学の進歩により特効薬もあり、現在では完全に回復し、社会復帰が続いている。それを拒むものは、まだ根強く残っている非科学的な偏見と差別のみで、本浦千代吉のような患者はもうどこにもいない」

この映画版が傑作と評価されるのは、差別的な内容に真正面から取り組んだからである。また、原作の殺人事件そのものを削り、好感度の高い加藤剛を起用したこともプラスに働いたと言える。

ハンセン氏病という差別を背景にして、やるせない犯行と悲劇的な宿命が物語に重みを与え、刑事たちも容疑者である和賀に対して同情にも似た複雑な感情を抱く。しかし、ハンセン氏病と向き合って作られたのはこの映画だけで、その後の映像作品にはハンセン氏病の描写は一切出てこない。

主人公の和賀英良を田村正和が演じている1977年版（テレビドラマ／全6話）では、父親は精神障害を患い殺人事件を起こすという過去が、秘密として横たわっている物語になっていた。これはこれで、現在ではまず放送不可能な設定のヘビーな宿命ではある。

2019年3月にフジテレビ開局60周年を記念して放送された特別ドラマは、現代劇仕立てで、今や日本の奇祭と化したハロウィンの大混乱真っただ中にある渋谷の工事現場で、幕開けとなる殺人事件が発生。コスプレ姿の群衆は、過去を偽って生きる和賀の姿をオーバーラップさせる試みのようでもある。だが、軽薄イベントの最たるものである渋谷ハロウィンで、安いコスプレ衣装をまとって人ごみに紛れる和賀（中島健人）の姿は、ただでさえ重みのない彼の佇まいをさらに軽々しいものにしている感がある。おそらく年季の入った視聴者、特に渋谷ハロウィンに馴染めない層は、開始早々脱落したはずだ。

物語の展開は映画版をほぼ踏襲し、捜査に科捜研が加わり、防犯カメラや携帯電話の通話記録を駆使して事件の細部を明らかにしていく展開はスリリング。原作の不自然さやご都合主義的な部分は、やや薄まっている印象だ。

さて、肝心の「宿命」は「兄が凶悪殺人少年犯だった」というもの。

一家は両親と兄の4人暮らしで、当時14歳だった兄が少女ばかり4人を惨殺するという未曽有の凶悪少年犯罪を起こして自殺。騒動の家中で母は病死し、自宅に落書きをしていた青年を口論の末に殺害してしまった父は、秀夫を連れて逃亡生活へ。故郷である広島・呉市からお遍路に出て、結局お隣の島根・亀嵩に落ち着くという行動範囲の狭さがやや気になるものの、加害者家族の不幸というのは実際に起きており、一家離散、自殺者が出るなどドラマ同様に悲惨な道程をたどるケースもある。

秀夫は「凶悪殺人犯の家族」という宿命から逃れるべく、和賀英良となった……そんな動機はひとまず納得できるものの、その後は原作を上回るご都合主義である。

実は『砂の器』のもうひとつの大きなポイントは、どうやって戸籍を改変したかという点にある。原作では太平洋戦争の空襲によって戸籍簿が消失してしまい、戦後に自己申告で戸籍を復旧できたという特例に乗じて成り代わったことになっている。ところが現代劇では、これ以上に説得力のあるテクニックはあり得ない。ここがリメイク版の難しい点で、2019年版に至ってはさらに苦しい展開となっている。

素性が発覚し、いじめの対象となった秀夫は、和歌山県新宮市に住む子供のいない夫婦に引き取られ、養子として育てられる。ところがここでもいじめを受け、そんな矢先に猛烈な集中豪雨により義父母が死亡。秀夫はその前に家出していたため、親族は捜索願を出さなかった。もともと音楽の才能があった秀夫は、放浪の末、軽井沢の自邸に引きこもっていた天才ピアニスト・和賀康介（升毅）の元を訪れ、その音楽の才により長男の和賀英良として第二の人生を与えられる。というのも、本物の英良は何らかの理由ですでに故人となっており、その死を父は誰にも告げずにいたのだ。こうして天才ピアニスト・和賀英良が誕生した……。

テレビ局がアニバーサリーとして大々的に放送する『砂の器』。しかし、物語の冒頭で崩れ行く砂の器のビジュアルが映し出されなければ、タイトルに込められた意味が伝わらないとでも言うように、繰り返しリメイクされる『砂の器』は、もはや同じタイトルの別の何かであるような気もしてくる。さて、次は何年後か？

第2章

映画

封印映画『南部の唄』本国では未ソフト化の謎

『南部の唄』
公開日：1951年10月19日／配給：大映／監督：ハーブ・フォスターほか／脚本：モーリス・ラップほか／出演：ジェームズ・バスケット、ボビー・ドリスコール、ルアナ・パットン、グレン・リーディ、ルース・ウォリックほか（93分／カラー）

子供に夢と希望を与え続けるディズニーランドを筆頭に、世界のアニメ、キャラクター文化の頂点に君臨し、今日におけるキャラクター版権ビジネスの規範を作り上げた強大なるアニメ産業の覇者、ウォルト・ディズニー・カンパニー。もはや一介のアニメビジネスを超越した存在なのは明白だが、この組織が世界でも名うてのブラック企業であることは、封印作品を語るうえで避けては通れない議題である。

ディズニー封印作品の有名どころと言えば、やはり第二次世界大戦中に合衆国政府の国策に則して制作された、対日本帝国軍や対ナチスをテーマにしている戦意高揚アニメの数々。当然、過去にソフト化されたことは一度もないが、フィルムは現存しているので海賊版ビデオが流通したり、動画投稿サイトに数本がアップロードされたりして話題を呼んだ（現在は削除された模様だが、すでに拡散済み）。

ディズニーによる戦意高揚アニメを一度でも見れば、浦安某所にある夢の国に行く気が失せるのは確実である。チビで出っ歯、そして眼鏡という醜いステレオタイプで描かれた日本人像には、ディズニーの持つレイシズム（人種差別主義）を感じずにはいられない。

『南部の唄』（旧邦題は『南部の歌』）は、ウォルト・ディズニー作品の中に脈々と流れる「人種差別的な描写」の嫌疑により、戦後ディズニー映画では唯一の封印作品である。同作はアメリカ南部の農耕地帯を舞台にして、白人少年と黒人農夫の心優しい友情を描く実写とアニメが融合したミュージカル調の物語だ。アメリカ公開（1946年）の翌年には、黒人農夫のリーマ

ビデオ『南部の唄』（DHVジャパン）

スおじさんを演じたジェームズ・バスケットがアカデミー歌曲賞の特別賞を受賞している。しかし、全米黒人地位向上協会が『南部の唄』における黒人農民の生活描写に関して「差別的である」と抗議したことで、ディズニー側はアメリカ国内での本作のソフト化を中止。現在流通しているのは、１９８６年に日本でのみリリースされたＶＨＳビデオとレーザーディスクだけ。それもすでに廃盤だが、日本でしか見られない幻のディズニーアニメという意味でも希少な存在だ。アメリカ国内において出回っている海賊版は全て日本版が原盤という現状も、ほかの封印作品とは違う特異な背景と言えるだろう。

なお『南部の唄』の音声の一部は、ディズニーランドの名物アトラクション、スプラッシュ・マウンテンの中で使用されている。

『博徒七人』は壮絶なる問題作なのか

『**博徒七人**』
公開日：1966年7月9日／製作・配給：東映／監督：小沢茂弘／脚本：笠原和夫／出演：鶴田浩二、藤山寛美、山本麟一、待田京介、小松方正、山城新伍、大木実、桜町弘子、加藤嘉、松尾嘉代、西村晃、金子信雄ほか（92分／カラー）

1966年7月に公開された鶴田浩二主演の任侠映画『博徒七人』は、東映京都で制作された。監督は東映任侠映画の一時代を築いた小沢茂弘で、脚本は笠原和夫が担当。そんな同作は、実は東映任侠映画の中でも異色の問題作として、現在は視聴が非常に困難となっている。なぜ問題作となってしまったのか。

この『博徒七人』は、笠原が東映側から「鶴田浩二主演でゲスト多数」という条件だけを提示されて、あとは全部お任せという方針で依頼された仕事だった。そこで山本周五郎の小説『深川安楽亭』をベースに、黒澤明の映画『七人の侍』（1954年公開）を合体させた脚本を書き上げたが、部落同士による石切り場の利権を巡る内容で、監督の小沢と物語の方向性について激しく衝突。激高した笠原は、小沢の目前で130ページの脚本を破り捨ててしまう。

困ったのは小沢である。クランクインまで1週間しかなかったのだ。

そこで小沢は笠原に謝罪。笠原はもう1度脚本を書くことになるが、残された時間は3日である。登場人物が7人という設定は決まっていたものの、黒澤映画のように1人1人に緻密な性格付けをする時間はない。

そして思い立ったのがハンディキャップなのである。時は折しも、座頭市シリーズが大ヒットしていた時代。7人全員を身体障害者にすれば、キャラクターを見た目だけで判別できるだろう。笠原はそう考えた。

そして仕上がった脚本は、鶴田浩二が片目、藤山寛美が片腕、山本麟一が片足、待田京介が盲目、小松方正がせむし、山城新伍が聾唖、敵役の大木実が顔面ケロイドという設定。見事に7人のキャラクターが完成した。

現場はヤケクソ気味だったものの『博徒七人』はヒットを記録。すぐさま続編『お尋ね者七人』が制作された。しかしこちらの脚本には、クレジットの表記はあるが笠原はほとんど関わっておらず、実際には中島貞夫が脚色したらしい。

『博徒七人』の制作当時は「身体障害者差別はいけない」という言説は、現在ほど表面化していなかった時代。そして笠原の制作意図は、あくまでも「肉体の欠陥を克服した達人」である。なお劇場公開時には、身体障害者から「この映画を見て勇気をもらった」という感想も寄せられていた。つまり『博徒七人』は、決して差別を助長するような内容ではないのだ。

本作は笠原脚本の作品としては完璧ではないが、日本任侠映画史の中では重要な作品である。諸問題を克服して、ソフト化してほしいと願うファンは多いはずだ。

全編猟奇まみれの衝撃作品『恐怖奇形人間』

『**江戸川乱歩全集 恐怖奇形人間**』
公開日：1969年10月29日／製作・配給：東映／監督：石井輝男／脚本：石井輝男、掛札昌裕／原作：江戸川乱歩／出演：吉田輝雄、由美てる子、土方巽、小池朝雄、近藤正臣、賀川雪絵、大木実、葵三津子、小畑通子、英美枝ほか（99分／カラー）

奇才・石井輝男監督の作品の中でも、ひときわ異彩を放っている伝説のカルト映画が『恐怖奇形人間』（成人指定）だ。同作はこれまで、名画座などでリバイバル上映されるたびに新たなファン層を拡大している。しかし諸事情から、2017年になるまで日本ではソフトが発売されていなかった（海外版は2007年に発売）。

その内容は、江戸川乱歩の『パノラマ島奇談』をベースとして『人間椅子』『屋根裏の散歩者』などの猟奇エッセンスをごちゃ混ぜにしたものだ。

主人公が精神病院の中にいる冒頭のシチュエーションが、いきなり謎を呼ぶ。やがて、自分の出生の秘密を突き止めようとして病院を脱走する医学生・人見広介（吉田輝雄）は、能登半島の孤島で奇っ怪な人間の集団に遭遇。最初の見どころがこの場面だ。土方巽暗黒舞踏塾のメンバーが演じる奇形人間たちが、不思議な音楽に合わせて踊り行進する様子は、まるで悪夢のようである。そこで広介は、行方不明の父親・丈五郎（土方巽）に再会。だがその丈五郎は、健常者をさらい外科手術による人体改造を施し、奇形人間の王国を作ろうとしていた。「今度はお前たち正常な人間が、我々奇形人間に服従するのだ！」。広介「狂っている！」。

この作品は土方の存在感が全てだ。彼は1961年に暗黒舞踏派を表明し、「舞踏とは命懸けで突っ立った死体である」「神様でない限り、エログロ好みは人間の本質。甘っちょろいオブラートで包んだ愛情物語なんて、みな偽者だ」などの名言を残した怪人物。

映画の中盤、広介は丈五郎に島の古い屋敷へと案内される。そこで広介が見たものは、醜悪な男性・猛（デビューしたての近藤正臣）と、美しい

DVD『江戸川乱歩全集 恐怖奇形人間』（東映ビデオ）

娘・秀子（由美てる子）が背中合わせにくっ付いた、人工シャム双生児だった。彼らの分離手術を施した広介は、やがて秀子を愛し結ばれる。しかし何と、秀子は丈五郎の実の娘、つまり自分の妹だったのだ……。

そして映画ファンの間で語り草になっている、伝説の人間花火。近親相姦であることを知った2人は、抱き合ったまま花火台から打ち上げられて「ドーン」と空中で爆発心中！　美しい夕暮れの空を背景に、四散する肉片。飛んでいる2つの首が、それぞれ「おか〜さ〜ん」で完。これは間違いなく、全世界の映画史上に残る傑作ラストシーンだ。

なお、石井監督は「理屈抜きで母子の絆が一番強い」と言及していた。そんな彼の遺作は『盲獣VS一寸法師』である。

裕次郎がハードコア過ぎたか!?時代劇『影狩り』

『影狩り』
公開日：1972年6月10日／製作：石原プロモーション／配給：東宝／監督：舛田利雄／脚本：池上金男／原作：さいとう・たかを／出演：石原裕次郎、内田良平、成田三樹夫、浅丘ルリ子、江原真二郎、本田みちこ、玉川伊佐男ほか（90分／カラー）

『影狩り』は1969年から1973年にかけて『週刊ポスト』に連載された、さいとう・たかをの時代劇画である。

財政難に苦しんでいる徳川幕府が、地方の弱小藩の些細な失点を理由に御家潰しを謀り、「影」と呼ばれる隠密を送り込む。しかし弱小藩もそれに対抗し、送り込まれてきた影を始末する専門の殺し屋集団が「影狩り」を雇用して、幕府の権力に抵抗するというストーリー。

同作はさいとう・たかをの劇画史を代表する作品で、現在も高い人気を誇る。そんな『影狩り』、実は舛田利雄監督がメガホンを取って、1972年に東宝で実写映画化されていたことはあまり知られていない。しかも石原プロモーションとタッグを組んでいたので、主演は何と石原裕次郎なのだ。

その路線は、同時期に東宝が制作していた『子連れ狼』や『御用牙』と同様に、マカロニウェスタンの残虐でリアルな演出に影響されたハードコアタッチの時代劇である。主人公の十兵衛役に石原裕次郎、その相棒の日光役に内田良平、月光役に成田三樹夫という強力すぎるトリオを結成。幕府が放った隠密忍者を相手に容赦なく刀を振り回し、腕や足や首がポンポンと飛び、血しぶきを吹き出しまくりなスプラッターアクションが披露されていて、非常に痛快な作品に仕上がっている。

しかも裕次郎は、原作のイメージ通りに革のグローブとマント姿に加え、彼とは判別不可能なほどの不精ヒゲ面で登場。成田は空中トンボ返りのアクションで派手に立ち回り、内田は居合い抜きの技を見せてくれる。

もちろん公開当時はヒットして、すぐに続編の『影狩り ほえろ大砲』が制作された。この続編はアクションに加え、ギャグ描写も数多く登場。くノ一役にカルーセル麻紀まで投入されて内容はかなり混沌としているものの、全ての敵をブッ殺してから夕日に向かって立ち去る影狩り3人衆の勇姿は、日本映画史の影に隠れた名シーンとして賞賛したい。こんな（ボンクラ向けの）夢一杯の時代劇アクションを、誰が想像できただろうか。しかも裕次郎主演ですよ！

しかし、日本国内で封印されているのも事実。テレビでは1983年と1992年にフジテレビの時代劇スペシャルにおいて、全く別のキャストで放送されたが、この裕次郎版『影狩り』は幻の時代劇となっている。ソフト化されない理由は明かされていないが、確かに裕次郎のパブリックイメージと掛け離れた役柄なのは事実で、見れば彼に対する印象が変わるのは間違いないだろう。

しかし2006年、長らく封印されていた『影狩り』のDVDが北米でリリースされて、その全貌が解き放たれた。北米版とはいえ言語は日本語のまま、しかもデジタルリマスターまでされている。そして現在、日本でも動画配信サービスを利用すれば視聴可能となった。男なら見るべし、なのだと断言したい。

せんだみつお主演の実写映画は両さんの黒歴史

『こちら葛飾区亀有公園前派出所』
公開日：1977年12月24日／製作・配給：東映／監督：山口和彦／脚本：鴨井達比古／原作：山止たつひこ（現・秋本治）／出演：せんだみつお、草川祐馬、浜田光夫、荒井注、田中邦衛、龍虎、夏木マリ、由紀さおり、丹波哲郎、若林豪、倉田保昭ほか（81分／カラー）

『週刊少年ジャンプ』にて、1976年から2016年までの約40年間にわたり連載されていた、秋本治による漫画『こちら葛飾区亀有公園前派出所』。テレビアニメや実写版のテレビドラマ（主演は香取慎吾）、テレビドラマをベースにした実写映画を記憶している方は多いだろうが、かつて別の実写映画も存在していた。しかも同作は、1980年代の初頭に一度ビデオが発売されたきり、以降は諸事情により一切ソフト化されていないのである。

その実写映画を製作したのは東映東京。1977年12月24日に、正月映画の目玉である『トラック野郎 男一匹桃次郎』の併映作品として全国公開された。主演の両津平吉役は、当時人気絶頂だったせんだみつお！　共演には夏木マリ、荒井注、田中邦衛、由紀さおりらが並ぶ。監督は東映併映作品の鬼と呼ばれる山口和彦だった。

当時、原作漫画はまだ連載が開始されたばかりだったので、エピソードは1週読み切りのショートギャグが中心。どうつなぎ合わせても上映時間を満たせないので、原作にはない独自の設定が必要になる。そこで東映流の人情喜劇をベースに、田中邦衛が演じるオリジナルキャラ・亀有公園裏に住む元医者でオカマのホームレスや、たまたま撮影所が同じという理由だけで『Gメン'75』のメンバー全員が総出演という楽屋オチ的な演出が加えられ、ドタバタコメディとして何とか映画は完成した。

ここまでの流れは特に問題はなく、映画も無事に公開されている。問題となるのはこの後だ。

漫画好きには知られている話なのだが、原作者の秋本は『こち亀』でデビューした直後は山止たつひこを名乗っていた。1974年に連載を開始し、絶大な人気を博していた漫画『がきデカ』の作者である山上たつひこにあやかったペンネームである。その思いは作品を通じて読者に伝わり、実力も認められて見事『こち亀』は新人漫画家の作品としては異例とも言える読者人気を獲得。その勢いで実写映画化が決定したのだ。

しかし『がきデカ』と『こち亀』は同じ警官ものの漫画のうえに、前者は『週刊少年ジャンプ』のライバル誌『週刊少年チャンピオン』で連載している。そのため山上本人から「紛らわしい」というクレームが入り、山止たつひこというペンネームの使用を中止。現在の秋本名義となる。単行本の第6巻までは山止名義だが、それも重版時に修正された。山止名義の単行本は、古書店で見かける機会も多いだろう。

問題の映画のクレジットは、もちろん「山止たつひこ」のままである。もうこれだけで封印の条件を満たしているのだが、さらに付け加えると、秋本は両津を演じたせんだの芸風も激しく嫌っていたようだ。せんだは確かに眉毛を太くして胸毛も装着しているものの、演技は「ナハナハ」連発の単なるせんだみつお。そこに両津の面影は1ミクロンも感じられない。

以上の理由から、秋本はソフト化や再上映などを拒否。東映もCSでの放送やソフト化を実現するために秋本と交渉したものの、それも結局は物別れに終わり、せんだ版『こち亀』は幻となってしまう。

なおこの作品は、せんだの長い芸能人生の中で唯一の映画主演作だったりする。その喜びのコメントは『こち亀』単行本の第4巻の巻末に収録されているが、そこでせんだは映画撮影のエピソードに言及しながら、「たつひこ君、エライ！」などと山止名義を連発。当然ながら秋本名義の単行本では、そのコメントは「おさむ君、エライ！」に差し替えられている。現在、せんだ版『こち亀』の存在に関しては旧版の単行本か、書籍『こちら葛飾区亀有公園前派出所大全集 Ｋａｍｅｄａｓ』、そして劇場公開時のポスターでしか確認できないのだった。

『アトランティス』の原作は本当に小説なのか

『アトランティス 失われた帝国』
公開日：2001年12月8日／製作：ウォルト・ディズニー・ピクチャーズほか／配給：ブエナ・ビスタ・ピクチャーズ／監督：ゲイリー・トルースデールほか／脚本：タブ・マーフィ／声の出演：マイケル・J・フォックス、クリー・サマーほか（96分／カラー）

ディズニーのアニメ映画『アトランティス 失われた帝国』は、2001年に公開されるや大変な反響を呼んだ。それは同作が「面白い」とか「つまらない」という以前に『ふしぎの海のナディア』（1990年～1991年放送）に似ていたからだ。『ふしぎの海のナディア』は、1年間にわたりNHKで放送されていたアニメ。庵野秀明が総監督を、貞本義行がキャラクターデザインを手掛けており、彼らの出世作とも言える作品だ。ジュール・ヴェルヌの小説『海底二万里』を原作としているが、その面影を残しているのは潜水艦ノーチラス号や一部の登場人物の名前だけ。そのほかのキャラクターやストーリーは、ほとんどオリジナルと言って差し支えのない内容となっていた。

一方、ディズニーの『アトランティス　失われた帝国』は、こちらもやはり『海底二万里』を原作としてはいるものの、その片鱗がうかがえるのは潜水艦が登場することぐらいで、ストーリーを含む残りの要素はオリジナルとなっている。しかし、なぜかは分からないが、『アトランティス　失われた帝国』は原作としているはずの『海底二万里』よりも『ふしぎの海のナディア』との共通点の方が多いのだ。

特にそれが顕著に現れているのは、原作には登場しないオリジナルキャラクターたちの設定や容姿。まるで「10年の時を経て驚異のシンクロニシティを発揮した」としか思えないほど、非常によく似ている。

物語の重要な鍵を握るヒロインは、褐色の肌をした少女。彼女は、青色のクリスタル（『ふしぎの海のナディア』ではブルーウォーターという名称）付きのペンダントを首から下げている。そして丸い眼鏡を掛け

DVD『アトランティス　失われた帝国』
（ブエナ ビスタ ホーム エンターテイメント）

て赤色の蝶ネクタイをした主人公、ブロンドの女性副長、スキンヘッドの船医、口ヒゲを生やした操舵長などなど、オリジナルキャラクターのほぼ全員が、多少はディズニーチックな絵柄になっているとはいえ、瓜二つなのだ。

この『アトランティス 失われた帝国』の盗作疑惑に関して、ディズニー側は一切の否を認めていない。また、ゲイリー・トルースデールと共に監督を務めているカーク・ワイズも「指摘されるまで『ふしぎの海のナディア』なんて作品は聞いたこともなかった」とコメントしている。

どんな些細なパクリも見逃さない、とにかく著作権に厳しいあのディズニーがこう言っているのだから、両作がここまで類似しているのは偶然の産物なのだろう。

国が変われば事情も変わる放送禁止の意外な理由

映画の封印は、当然ながら日本に限った話ではない。表現の自由が保障されているアメリカにも、伝統を重んじるヨーロッパ諸国にも、過去に封印された映画は無数に存在する。そして封印の理由は、政治的事情や民族的事情、著作権の問題など、国や時代によりさまざまだ。ただしその理由は、日本人にはあまり関係のない場合が大半である。ここでは比較的日本人に馴染みのある映画ながら、海外では一時期視聴が困難だった作品、そして現在も視聴が困難な作品を紹介していく。

『時計じかけのオレンジ』（公開日：1971年12月19日）

過去の例ではあるが、スタンリー・キューブリック監督による若者青春ドラマの決定版『時計じかけのオレンジ』を最初に取り上げる。欧米において本作は非常に危険な映画として扱われ、封印作品としても有名だ。独特のファッションや魅力的な造語の連発、反道徳を全面に押し出した内容は、公開当時に賛否両論が飛び交った。映画を見た若者の中には、ファッションだけではなく暴力行為も模倣する人が出現。イギリス国内では、ホームレスへの襲撃行為が激増したという伝説を持っている。

それに関してキューブリックに批判が及ぶと、狂信的なファンが彼の自宅にまで押し掛ける事態が発生。家族の安全を危惧したキューブリックは、イギリス国内における『時計仕掛けのオレンジ』の再上映やソフト化の一切を禁止してしまう。

ただし、イギリス以外でのソフト化は禁止されていなかったので、イギリス在住の映画マニアは、諸外国から海賊版ビデオを取り寄せるなどして何とか鑑賞していた。なお、イギリスでのソフト化が実現したのはキューブリックの死後、1999年のことだ。誰もが知っている超有名な映画でも、国が変われば事情も変わるという一例である。

DVD『時計じかけのオレンジ』（ワーナー・ホーム・ビデオ）

『WHAT'S UP, TIGER LILY?』（公開日：1966年11月2日）

キューブリック以外にも有名監督の封印作品はある。例えば、ウディ・アレン監督のコメディ映画『WHAT'S UP, TIGER LILY?』がそれだ。1966年に公開されたこの作品、実はその前年に東宝が制作した谷口千吉監督、三橋達也主演によるスパイアクション映画『国際秘密警察 鍵の鍵』を、アレンが全く違う内容（サラダのレシピを奪い合うスパイの物語）の吹き替え版にしてしまった問題作だ。アレン自身は後に「最低の映画」と語っていたが、当時は結構ウケたらしい。しかし東宝との権利問題で、海外でも長年ソフト化されていなかった。文字通り国際的な秘密が溢れるスリリングな存在だったのだが、2000年代に入り海外ではDVD化が実現。ただし、残念ながら日本版は現在も未発売だ。

『シェラ・デ・コブレの幽霊』（劇場未公開）

ホラー映画の古典でありながら、視聴困難な状況が続いていた傑作に、1964年公開予定の『シェラ・デ・コブレの幽霊』がある。同作は、SFテレビシリーズ『アウター・リミッツ』の仕掛け人で、映画『サイコ』の脚本家でもあるジョゼフ・ステファーノが企画、監督した唯一の映画だ。もともとはアメリカのテレビドラマ作品のシリーズ化を視野に入れた、パイロット版として制作された。

その内容は恐怖に満ちており、欧米が舞台にしては珍しく足のない幽霊、しかも怨霊が登場する（主演はマーティン・ランドー）。このパイロット版の試写を見たCBSテレビの幹部が、あまりの気味悪さに嘔吐したという伝説もあり、「怖すぎる」という理由でアメリカではお蔵入り。しかし、アメリカ以外の国には売り込まれ、日本やヨーロッパではテレビで放送された。

今後も視聴困難な状況は続くと思われていたが、北米版のDVDとブルーレイが2018年に発売。映画の完成から50年以上を経て、ようやくソフト化が実現した。日本版は現在も未発売だが、現存するフィルム2本のうち1本は日本人が所有しており、時折小規模な上映会が開催されている。

海外版DVD『シェラ・デ・コブレの幽霊』（KL STUDIO CLASSICS）

『スター・ウォーズ ホリデー・スペシャル』（1978年放送）

テレビ映画に関して言えば、泣く子も黙る超メジャー作品『スター・ウォーズ』にも封印タイトルが存在する。ジョージ・ルーカス監督による『スター・ウォーズ ホリデー・スペシャル』だ。同作は1978年11月、CBSテレビで1度だけ放送された2時間スペシャルもので、スポンサーは自動車会社のゼネラルモーターズ。内容的には『新たなる希望』の番外編という感じなのだが、主人公は何とチューバッカと彼の家族というSFホームドラマ！

唐突に挿入されるアニメにボバ・フェットが初登場するということで、放送前からマニアの熱い注目を集めていた。しかし、当のルーカス自身は真面目に関わっていなかったらしく、完成した作品を見て頭を抱え、自身のクレジット表記を外すように指示したとか。本作は現在もソフト化されておらず、視聴するには海賊版のビデオやDVDを探すしかない。

『グレート・ホワイト』（1980年公開）

最後にトンデモ系を1本。『ジョーズ』の影響をモロに受け、イタリア資本で制作されたパニック映画『グレート・ホワイト』は、日本では『最後のジョーズ アメリカ東海岸を最大の恐怖が襲う』のタイトルでテレビ放送された後に、『ジョーズ・リターンズ』にタイトルを変更してビデオ化された。しかし、アメリカでは訴訟に発展してしまい、現在もソフト化は見送られている。

主演はヴィック・モローだが、内容は完全に本家を丸パクリなので、確かに訴えられても仕方がない。ちなみにインターネットでこの映画を検索すると、同名のヘビメタバンドのライブDVDばかりヒットするので注意しよう。パッケージもサメなので間違えて注文しないように！

放送禁止を避けるため音声や映像を修正した作品

本放送から期間を経た作品を再び見る機会があるのなら、細部にも注目しながら見てほしい。幾つかの作品で違和感を覚えることがあるだろう。それも当然である。音声や映像が修正されているのだから……。

それらの修正は、本放送と同様の状態での放送、または販売を問題視した放送局や制作会社などによる自主規制だ。判断基準はさまざまであり、同じ作品でも地上波放送、CS放送、ビデオ、DVD、ブルーレイなど、各メディアごとに修正が異なる場合もある。再放送に関しては放送時期や放送局によっても、ビデオやDVDなどに関しては発売時期によっても修正が異なったりするなど、とにかく非常に複雑な状況なのだ。そのため、それら全てを把握することは不可能だろう。

地上波で放送された劇場用映画における、代表的な自主規制を紹介したい。『野性の証明』（1978年公開）は「完全ノーカット」と謳われていたにも関わらず、セリフから「部落」など約20カ所が削除された。この作品に登場する部落は被差別部落ではないが、それを差別語として規制しているのだ。マニュアル化する自主規制の悪例と言えるだろう。

そのほか『キューポラのある街』（1962年公開）でも多数のセリフに手が加えられた。貧乏職工一家の生活をリアルに描いたこの作品には、まだ20歳前の吉永小百合が出演し下着姿まで披露しているが、そんなことは関係なく、工員たちが日常的に使用するセリフ「ニコヨン（日雇い労働の日当が240円であることから）」や「組合」そして「アカ」のほか、在日朝鮮人の北朝鮮帰還を織り込んだために使用される差別発言や「朝鮮」などを削除。そして『キューポラのある街』は、若き日の吉永小百合をお茶の間に披露するだけのスカスカな内容となった。

差別語などは通常、無音声に加工されることが多い。該当する部分がストーリー上で重要なシーンでも、その修正は行われる。そのため視聴する側にしてみれば、初見の作品であれば逆の意味で印象深いシーンになるどころか、作品の理解を阻害されてしまう。一方、何度も見たファンであれば作品を冒涜しているとしか思えず、納得のいかない内容となる。

ただし音声だけの修正なら、それは幸運と言えるのかもしれない。『シティーハンター3』（1989年〜1990年放送）には、封印された映像がある。第11話「クリスマスにウェディングドレスを……」内に、ほんの一瞬、オウム真理教の教祖・麻原彰晃が登場するのだ。

1998年、サブリミナル映像の禁止を示す見解が日本民間放送連盟から出されており、それに伴って同エピソードは「サブリミナル効果を狙うものではないか？」と報道された。だが、この作品が制作された頃のオウム真理教は、ただのユニークな新興宗教団体扱い。制作サイドにも布教の意図は毛頭なく、悪質なジョークと見なす向きはあったものの面白さを追及した結果の演出だった。

その後、オウム真理教ネタが不謹慎であるという認識も拍車を掛けて、現在流通しているビデオでは該当場面が削除されてしまっている。

一部の音声と映像の削除は、作品自体とは全く関係のない部分で「謎」を残す修正である。しかし、これらの例からも分かる通り、現在は修正された場面も当時は放送可能だった。表現の規制は、時代とともに変化するものなのである。

ちなみに最近のCS放送では、音声の削除に関して、作品の最後に「番組中に不適切な表現がありましたが、作品および原作者の意図を尊重してオリジナルのまま放送しております」などと断り、加工しないまま放送することも増えている。多チャンネル時代、封印の基準も変わるのかもしれない。

男の生き様を描き続けた反骨の脚本家・笠原和夫

日本映画史を語るうえで、そして太平洋戦争後の日本史を考察するうえでも重要な映画として挙げられる『仁義なき戦い』（1973年公開）。本来ならプログラム・ピクチャーとしか扱われなかった任侠・ヤクザ映画が、日本映画史に残る傑作となった理由は、監督である深作欣二の力量によるところが大きいとされている。

もちろん深作監督の演出は大変画期的で、そこに若手の役者としてくすぶっていた菅原文太を筆頭に、北大路欣也、千葉真一、松方弘樹といった次世代を担うパワーが合致した賜物であるのは間違いない。しかし、筆者が最も重要に思えるのは、『仁義なき戦い』全5部作のうち4部までの脚本を執筆したシナリオライター、笠原和夫による緻密な取材と構成力である。

そもそも『仁義なき戦い』は、戦後の広島で実際に勃発した暴力団抗争をモデルにしている。抗争の当事者だった美能幸三による獄中手記を、ノンフィクション作家の飯干晃一が読み物として編纂し、『週刊サンケイ』に「日本版ゴッドファーザー」として連載していた作品が原作だ。

東映のプロデューサーである日下部五郎が笠原に依頼したのは、同作の映画化における脚本である。ただし、この広島抗争事件の映画化は何も東映が初めてというわけではなく、これまでにも多くの映画会社や関係者が映画化に挑戦しながら、頓挫していた企画である。頓挫した原因の多くは、やはり「本物との交渉」で、広島抗争の血なまぐさい事件の全貌や、日本全国にまで飛び火した敵対関係の複雑さは、生半可な覚悟では映画化できない＝面倒なことになりそうなのは明白だった。そこに挑んだのが笠原である。

日下部と共に、アポイントメントどころか美能の所在も分からない状態で広島入りした笠原は、過去に日下部が映画のロケの際に立ち寄ったバーを思い出し、そこに飲みに行った。すると何と、同店のママが美能の知り合いの知り合いだったことから話が動き出す。しかし、美能との面会の約束を取り付けたものの日下部は直前になって尻込みしてしまい、結局、笠原が1人で会いに行くことになる。そして歴史的映画が作られるまでの長い道のりがスタートした。

笠原がほかのシナリオライターと大きく違ったのは、やはりその度胸ではないかと思う。いくら任侠・ヤクザ映画の脚本家だからといって、本人がヤクザ顔負けかといえば決してそんなことはない。それこそ普段は温厚だが、シナリオのことになると一歩も譲らない独自の美学があり、その美学こそが笠原脚本作品に共通する魅力なのである。『仁義なき戦い』は、たまたまその美学の純粋なエキスが深作演出や役者のパワーにより大きなうねりとなって結実し、傑作に昇華したのだ。

しかし、笠原和夫=『仁義なき戦い』とは、いささか単純すぎる。笠原は常に男を描き、生き様を描き、世相を描いていた。海軍特別幹部練習生を経て終戦を迎え、生まれ変わろうとする激動の日本、激動の昭和を映画で切り取った笠原は、日本映画界の

シリーズ全5部作を収録した『仁義なき戦い ブルーレイコレクション』(東映ビデオ)

至宝であり、世界で勝負することができる数少ない有能な脚本家の1人だったのではないだろうか。

笠原の脚本作品は全部で88本。そのほとんどが東映任侠・ヤクザ映画である。脚本デビュー作こそ、美空ひばり主演の『ひばりの花形探偵合戦』（1958年公開）という、今で言うところのアイドル映画だが、鶴田浩二が主演した任侠映画『人生劇場新飛車角』（1964年公開）の成功により、東映任侠映画における重要な作家として認知される。その後、多くの傑作を生み出すが、笠原本来の気質であるアナーキズムが色濃い作品は、軒並みビデオ化されていなかったり、DVD化されるまでに数十年を必要とした。

特に『日本暗殺秘録』（1969年公開）は、世界の映画市場から考察しても珍しい「テロリストを主人公にした映画」である。政治や思想の自由は保障されているものの、特定の思想や人物を描くと多くのプレッシャーが掛かる日本映画界で、これほど大胆かつ危険なテーマに挑んだ映画作家はほかにいないのではないかと思う。

また『博奕打ち 総長賭博』（1968年公開）は、従来の任侠映画のフォーマットに則しながらも、そのハードな物語が高く評価されている。さらに、戦後日本の経済界の闇を追った『暴力金脈』（1975年公開）では、『仁義なき戦い』の取材当時には知り得なかった経済とヤクザ、政治家の癒着を目の当りにしたことで、笠原は「これまで自分が描いていたヤクザとは、任侠とは一体何だったのだろうか」と思い知らされたという。

事実、笠原は『暴力金脈』以降、同時進行で請け負っていた『やくざの墓場 くちなしの花』（1976年公開）と『バカ政ホラ政トッパ政』（1976年公開）を最後に任侠・ヤクザ映画の脚本から離れ、戦記ものを題材とした映画に傾倒していく。

筆者は、生前の笠原にインタビューをしたことがある。その時に彼は、孫ほども年齢が違う筆者にこう言った。

「今の若い人なら『エヴァンゲリオン』の方が面白いんじゃないの？ 何でヤクザ映画になんか興味を持った？」

笠原の口から「エヴァンゲリオン」という単語が飛び出しただけで驚愕した筆者だが、よく考えてみれば同作の劇場版は東映が配給していたので、ヒット作を常に気にしているという笠原のチェックの範囲内でも不思議はない。しかし、意外であることに変わりはない。

筆者は笠原にヤクザ映画の衰退について尋ねると、次のように返答された。

「実録路線が成功すると、みんなマネして血なまぐさい過激なアクション映画を作るようになった。刺激が度を過ぎれば飽きられるからね。それに史実や事実を映画にしたいんだったら、ハンパな取材じゃダメだよ。それはもう徹底してやらないと」

この発言、当然至極である。

笠原は脚本を執筆する際、特に熱の入っている作品に関しては、相当な気合いで取材に挑んでいる。『日本暗殺秘録』にせよ『仁義なき戦い』にせよ『暴力金脈』にせよ、いずれも史実や事件を映画化したものであり、その物語にリアリティを持たせるために、当時者本人や関係者にまで話を聞き、より生々しい証言を引き出して脚本に味付けをしていく。

いま現在、日本の映画界で活躍するシナリオライターに、笠原ほどの熱量があるか疑問なのは、公開される愚にも付かないメロドラマ映画を見れば明白だ。

しかし笠原自身は、愚にも付かない現代映画に対しても、その眼差しが暖かく寛大なのは前述の「エヴァンゲリオン発言」からも分かる通りである。しかし、以前の笠原は違った。

笠原は、北野武監督作『あの夏、いちばん静かな海』（1991年公開）の映画評を雑誌『映画芸術』に寄稿したことがあるのだが、その内容は北野映画の脚本に対する激烈な批判だった。北野の手による、ほとんど何も書いていない、シークエンスだけが書いてあるに等しい脚本を関係者に見せられた笠原は、「こんなもの（脚本）でも映画は作れます」と言われたに等しい衝撃を受け、怒りを覚えた。「この道を築いてくれた先輩たちの立場があったものではない」

怒り心頭の笠原は『あの夏、いちばん静かな海』の映画評において罵詈雑言を書き連ね、「これは絵葉書の連続スライドである」と結論付けたうえで、北野に贈る基本的な脚本の書き方「骨法十箇条」まで書き下ろした。

後にこの映画評に関しては、怒りに任せて書いたことを後悔し、取り消したいとも語っていた。しかし、当時は批評家たちから絶賛の嵐だった北野映画が初めてコテンパンにされたこともあり、さらに業界用語や隠語が飛び交う超実践型の笠原独特の脚本執筆術を読めたとあって、この映画評で笠原は再び注目を集めた（この映画評と骨法十箇条は『映画はヤクザなり』に再録されているので一読をオススメする）。

しかし、他人を悪しざまにけなす文章であると同時に、自身のシナリオの書き方も古臭いのではないかと感じ始めた笠原は、後年は北野映画における自由な空気も認めている。

筆者のインタビューで「エヴァンゲリオン」なんて単語が飛び出したのも、このような経緯があってこそなのだが、筆者は「そんな今だからこそ笠原和夫の脚本が必要であり、ヤクザ映画は単なる娯楽作品ではなく、日本の暗部にスポット当て、そこに男のロマンを加えた一級の映画作品だ」と答えた覚えがある。笠原は喜ぶでも困惑するでもなく、筆者の質問や感想をウンウンと頷きながら聞いてくれた。気付けば予定の2時間を過ぎて4時間半ものロングインタビューになってしまったが、笠原和夫という映画人に出会い、その教えを間近で聞けたという経験は大きい。笠原流「男の美学」の洗礼によって、筆者の映画に対する思いは大きく変わったと言える。

『仁義なき戦い』は、深作欣二の映画でもなく、菅原文太の映画でもない。笠原和夫の映画である。この3人の誰が欠けても傑作にはならなかっただろうが、それでは誰が重要なのかと言えば、それは笠原なのである。彼が映画という表現手段で貫いた美学は「男のロマン」と「アナーキズム」だ。バイオレンスとハードボイルドが同居した独特の物語は、ハリウッド映画の影響を受けずに、日本人の日本人による日本人のための映画を作り続けた職人の技なのである。

笠原は2002年12月12日に逝去（享年75歳）。激動の時代を生き抜いた1人の男が最後に書いた脚本は『真珠湾』だった。しかし、監督との意見の違いにより企画はついに実現せず、結局、愚にも付かないハリウッド製のCG特撮映画に取って代わられたのだった。

地球上から消え去る日も近い!?
幻の作品を入手せよ

本書を手に取っている読者ならば「円谷プロVSチャイヨー裁判」なる騒動をご存知かと思う。念のため経緯を振り返ると、事態は結構深刻だったことが分かる。その発端は、タイの特撮映画制作会社チャイヨー・プロダクションと円谷プロの合作映画『ウルトラ6兄弟VS怪獣軍団』（1979年公開）だった。

同作の主人公は、タイで神の戦士として崇拝されているハヌマーン。彼がウルトラの6人兄弟と共に、人工降雨ミサイルの打ち上げ失敗で地底から蘇った怪獣軍団を撃退するという、数あるウルトラ映画の中でも1番の怪作だ。特にタイ独自の宗教観に則ったファンタジック極まりない名場面（太陽に直談判、主人公が仏像泥棒に眉間を撃ち抜かれて惨死、そしてハヌマーンに転生、その仏像泥棒を躊躇なく踏み潰し握り殺すなど）の連続に、今もカルト特撮ファンを魅了してやまない作品である。

タイ側の制作会社であるチャイヨー（チャイヨーとは「万歳」という意味）は、ソムポート・セーンドゥアンチャーイという人物が代表を務めるのだが、彼は円谷英二に師事して特撮技術を学び、タイ映画界に特撮SFX映画というジャンルを持ち込んだ功労者だ（と、タイでは評価されている）。

合作を制作した頃のチャイヨーと円谷プロは、技術交流を中心に良好な関係を築いていたようだが、当時チャイヨーと日本以外の独占販売権を契約したとされる円谷皐が死去すると、チャイヨーはこの契約書の存在を明かしてウルトラマン関連グッズや作品を独自に制作・販売するようになる。ここからウルトラマンの権利をめぐって、両社の長きに渡る裁判が幕を開けるわけだが、その結果は予想以上に複雑だった。

日本では最高裁まで争った結果、円谷プロが敗訴してしまうが、タイの裁判所は逆にチャイヨーの契約書を無効と判断。日本での裁判結果は日本国内で

劇場公開時に販売された『ウルトラ6兄弟VS怪獣軍団』のパンフレット

しか効力を発揮しないことから、チャイヨー側は主なマーケットであるタイ国内でのビジネス展開が認められなかったことになる。要は双方痛み分けのようなスッキリしない結果に終わった。

だが、チャイヨー側の「円谷プロとの関係は良好で、彼らには大きな尊敬を捧げている」というめげない主張は、ある意味ピュア過ぎる情熱であり、それとビジネスは完全に別だとしても、彼らの情熱だけは買ってあげたい。何しろ裁判後に、スタジオを構えるアユタヤー県の郊外に10億バーツ（約35億円）を掛けたウルトラマン博物館の建造をブチ上げたぐらいだ（２００９年に着工したが現在は中断している模様。なお、２０１１年に日本で行われたウルトラマン海外利用権訴訟では、円谷プロが逆転勝訴している）。

以上が円谷プロVSチャイヨー裁判のあらましだ。それでは現在、タイ国内においてチャイヨー映画のDVDなどは、裁判結果に従って回収・廃盤となってしまったのだろうか。それを確かめてみようというのが、今回のレポートである。

タイ国内での販売権が認められなかったのは、ウルトラマン関連だけではない。東宝と合作した『ハヌマーンVSジャンボーグA』、東映から映画『五人ライダー対キングダーク』のタイ国内配給権を得ただけにもかかわらず、勝手にハヌマーンと仮面ライダー（現地調達）の競演シーンを追加撮影して編集・改変したために東映と裁判沙汰になり、日本では存在すらしない扱いとなっている超怪作『ハヌマーンと5人の仮面ライダー』などなど、日本ではソフト化されることのない異国の異母兄弟的作品が目白押しなのである。

さらに日本国内での爆発的ブーム後、巡業で訪れたタイで再ブレイクしたエリマキトカゲを主人公に据えた爬虫類系股旅特撮『エリマキトカゲの大冒険』、裁判結果を待たずに先走って撮影したものの、結果的には封印された『ウルトラマン・ミレニアム』まで、ある意味チャイヨー作品とは、アジアの熱帯雨林に残された、封印作品最後の鉱脈とも形容できる。

現在、タイの首都バンコクでは、チャイヨー映画を発見することは、まずあり得ない状況となっている。もちろん裁判の影響もあるだろうが、街の中心部であるサイアム（日本で言うところの渋谷と六本木が混じったようなエリア）あたりの、正規のD

VDソフトを取り扱う店舗にはもちろん、屋台の海賊版ソフト店まで探しに探しても、まず発見できない。売っているのは全て正規の円谷プロ版であり、東映版なのである。しかし、チャイヨーは決して死んだわけではなかった！

最後の頼みの綱は、バンコク最古の商店街であり、最古の暗黒街の側面を今も併せ持つ中華街のヤワラー。そこに週末の深夜だけ開催されるクローントム（ナコムカセム）に、その店はあった。

店名はズバリ「SHIBUYA」というDVD・CDの卸し問屋には、首都圏では完全に駆逐されたかに思われたチャイヨー映画のDVDが全て揃っていた。しかも1本50バーツ（約170円）という投げ売り価格である。

聞けば、店頭に並んでいるのが在庫の全てとのこと。筆者は昨年にも同店を訪れており、運良く全作品を購入できたが、1年後の現在はすでに売り切れが目立ち、人気が高いとされるウルトラシリーズなどの特撮は完売していた。これはもう、絶滅寸前のレッドデータ入りを断言してもいい状況だ。

チャイヨー映画は、このままタイの人々からも忘れ去られてしまうのだろうか。現在、洪水を乗り越えてバブル経済期に差し掛かろうとしているタイ。サブカルチャーも浸透し、日本にも負けない独自のオタク文化が芽生えつつある中、古いタイのアクション映画のＤＶＤ復刻などは少なからず行われている。

チャイヨーが再評価されるのは、果たして何年後なのだろうか。とりあえずタイ国内で封印作品ブームが発生すれば、その筆頭をチャイヨーが飾るのは間違いないと断言して、レポートを締めくくりたい。

違和感だらけなハリウッド映画の日本人描写

ハリウッド映画界で収拾が付かなくなってきた感のある、ホワイトウォッシング問題。簡単に説明すると、本来は白人ではない役柄を白人俳優が演じることを指すのだが、この手の問題に鈍感な日本では、問題の本質がいまひとつ分かりにくい。未だに靴墨を塗ったエディ・マーフィーのパロディや付け鼻の西洋人コスプレが、ともすれば今にも地上波で流れかねない昨今、この問題がごく普通に理解できるようになるには、もう少し時間が掛かるだろう。

ハリウッドですら、この問題が表立って取り上げられるようになったのはここ数年のことである。背景にはハリウッドが長年慣例としてきた差別主義、すなわち白人偏重主義がある、という風にも言われるが、実際には有色人種サイドの雇用問題だったり、業界の再編を求める革新勢力の存在などもあって、非常に政治的な問題となっている。そこに「マジョリティーに収奪されるマイノリティーを救え」という正義の遂行意識が加わって炎上案件と化した。

好都合にも問題作は次々と誕生する。

そもそもハリウッド映画で、本来は日本人（アジア人？）役を白人俳優が演じた作品は枚挙に暇がない。過去の例を持ち出せば『北斗の拳』『ドラゴンボール』のように、漫画原作の映画では、主人公はイメージに合わなかろうが白人が演じるのが通例である。それでもラノベ発の『オール・ユー・ニード・イズ・キル』（2014年公開）は、主人公がトム・クルーズということで肯定的に受け入れられた。何と言っても、彼は幕末の日本で殉死した青い瞳の『ラスト・サムライ』（2003年公開）で好印象のビッグスター。この作品自体がホワイトウォッシング映画というそしりもあるが、日本国内からは問題視する声はほとんど聞かれなかった。

ホワイトウォッシング問題によるトラブルを避けるには、『アリータ：バトル・エンジェル』（2019年公開）のように、主人公を無理やりCG化してしまうというのもひとつの苦肉の策なのかもしれない。

むしろ何とかしないといけないのは、本来は日本人俳優であるべき役柄を、中国や韓国などの、日本以外のアジア圏俳優ばかりが演じている点ではないだろうか。千葉真一や真田広之、松田優作の時代から何も変わっていないのだ。

最大の問題は今も昔も英語力。映画＝プロパガンダの意識が強い中国のように、映画製作を政府が支援し、なおかつハリウッドをものみ込む巨大な市場があれば、おのずとアジア人俳優＝中国人ということになるだろう。語学力で言えば、韓国人俳優も強い。そのことは我々日本人もすでに承知済み、諦めるという感情を越えて、その非日本人俳優の片言日本語を「思ったより上手いじゃん」と拍手を送る度量の深さに到達している。

問題になったのが、士郎正宗の漫画『攻殻機動隊』の実写版である『ゴースト・イン・ザ・シェル』（2017年公開）。主人公の草薙素子をスカーレット・ヨハンソンが演じたことに対して、ホワイトウォッシング映画であると激しい批判が起きた。この映画にはビートたけしなど日本人も多く出演しており、日本でも話題になっていたものの、日本国内では主役を白人が演じることに大きな論議が起きた形跡はない。劇場アニメ版を手掛けた押井守は「考えられる最良のキャスティング」と絶賛し、版権管理サイドも「彼女は役に合っているし、逆に日本人女優が主役になることが想像できない」とまで述べている。

ところが、ハリウッドでは同作が「非常に悪質なホワイトウォッシング」に当たるという指摘がされた。ハリウッド映画では、日本をはじめとするアジア人はオタクや引きこもりハッカー、良くてエリート外科医役がデフォルトであって、こうしたロマンチックな主人公役はまず回ってこない。そういった役柄は、セレブ白人たちが持ち回りで演じるものと相場が決まっているからだ。

しかしそうは言っても、層の厚い黒人俳優ならいざ知らず、ハリウッド映画で日本人役を演じられるスターはそういないのが実情である。日本語が片言の非日本人俳優が、そのポストにちゃっかり収まるという構図が当たり前になっているのはそのためである。たとえチョイ役であろうが、セリフが少ししかなかろうが、ハリウッド映画に出演を果たした松

DVD『ゴースト・イン・ザ・シェル』（パラマウント）

田聖子は偉かったというわけだ。

その騒動も冷めやらぬうちに、今度は広島原爆の被爆者を描いた映画『ONE THOUSAND PAPER CRANES（千羽鶴）』に、エヴァン・レイチェル・ウッドがキャスティングされたことが波紋を呼んでいる。原作は原爆症のため幼くして亡くなった少女・サダコを描いた物語で、アメリカでは教材として用いられるほどよく知られた作品。そのため、キャスティングが発表されるやいなや、「白人の物語に変えるべきではない」「原爆映画に白人がいるのか？」などとホワイトウォッシングを糾弾する意見が寄せられた。リチャード・レイモンド監督は「サダコの視点から語られる作品で、日本人もキャスティングする」と即座に弁明。近年の公開を目指しているというが先行きは不透明だ。

こうした流れを知ると、戦国時代に織田信長の家臣として実在した黒人奴隷・弥助にハリウッド映画化の動きがあるという冗談のような話にも、非常に説得力を感じてしまう。すでにタイトルは『BLACK SAMURAI』に決定。そして弥助を演じるのは、先頃アベンジャーズにもブラックパンサーとして加わった、世界的に知られるチャドウィック・ボーズマンだ。

弥助に関しては、ポルトガル宣教師の記録にもあり、奴隷から信長によって正式な武士に取り立てられたなど、その史料は多いが、彼の生涯は謎に包まれている。つまりフィクションの幅はやたら広いわけで、戦国版『ブラックパンサー』となる可能性もなきにしもあらず。それでも、ホワイトウォッシング問題から完全に解き放たれた作品であることは間違いない。

倒せるか!? 襲来! 偽物のウルトラマン

アジア圏の特撮番組は、以前は日本の仮面ライダーシリーズもしくはウルトラマンシリーズを模倣した、パクリにも値しないレベルの低いものが多かった。ところが近年は大きく進化し、日本製をしのぐ高クオリティの特撮番組が続々と生み出されている。その筆頭はやはり中国で、かつてのパクリ大国がいつの間にかモノづくり大国に変貌したのと同じだ。

金、そして継続こそが力となる。キャラクターの造形やアクションシーンなど、未だにパクリテイストがチラホラ感じられるとはいえ、資金力の差は言わずもがな。厳しい下請け仕事によって身に付けた技術力と磨き上げたセンスで、中華特撮の味わいはオリジナルの域にまで達しつつある。日本の優秀な特撮スタッフを高待遇で引き抜いた結果、そのエッセンスは作品内に遺憾なく発揮されており、まさに日本の技術流出はとどまるところを知らない。

先進国として、国を挙げ知的財産権の保護に取り組むという姿勢を大々的にアピールしている中国政府だが、その実態は昔から「上に政策あれば下に対策あり」と言われるたくましい国。それゆえ当局により時折大規模な摘発が行われてはいても、現在も大量のパクリ商品は巷に溢れ、おそらくイタチごっこは悠久の流れのごとく続くのではないかと、コピーされる側の国々は今も疑心暗鬼の中にある。

そんな不安が的中する形となったのが「無許可ウルトラマン」の登場だった。

2019年1月、中国で映画『鋼鐵飛龍之奥特曼崛起』が公開された。なお「奥特曼」とは中国語でウルトラマンを指す。また『鋼鐵飛龍（ドラゴンフォース）』とは、2012年から中国で放送されている3DCGによる特撮アニメシリーズで、本作はその映画化作品となる。タイトルを邦訳すると「ドラゴンフォース 立ち上がれウルトラマン」という感じだろうか。

『鋼鐵飛龍』は地球を守る秘密部隊の活躍を描いたヒーローもので、戦隊＆メタルヒーローのエッセンスに〝トランスフォーマー〟と『ZOIDS』を加えたようなメカデザイン。中国でも根強い人気の『聖闘士星矢』のようでもあり、要は「いいとこどり」の大作である。元はテレビシリーズだったが次々と新シリーズが制作され、ついに待望の映画化へ、そしてそのゲストとしてウルトラマンが本人役で参加するという形になったのだ。

登場するウルトラマンは、かなり筋肉質であることを除けば、どこからどう見ても初代ウルトラマンであり、改変しようという意志は感じられない。物語では誰もが知る伝説的ヒーローとして描かれる。中国人にとってウルトラマンという存在は、我々のイメージとほとんど変わらない確固たる人気ヒーローなのだ。

しかし、円谷プロが黙っているはずがない。

実は『鋼鐵飛龍』の映画版にウルトラマンが登場するのは、これが初めてではないのだ。2017年10月には第1弾の『鋼鐵飛龍再見奥特曼（ドラゴンフォース　さようならウルトラマン）』が公開されており、こちらもウルトラマンが無許可で登場していたことから、円谷プロが制作側に法的措置を取っていた。しかし、そういう状況であるにもかかわらず、まるで何事もなかったかのように堂々と続編が公開されたのである。

中国側は「然るべきルートで日本以外での海外利用権を得た」と主張しているものの、中国にも熱烈なファンの多いウルトラマンだけに、中国人からも「恥ずかしい海賊版ウルトラマン」などと非難する声が数多く挙がっており、中国語サイトでも評価は星1個のオンパレード。しかし中国側としては、ウルトラマンの海外利用権が複数の国で係争中となっていることを知りつつ、あえて円谷プロを避けて映像化したと考えられる。というのも、中華ウルトラマンに対する訴訟は今に始まったことではないからだ。

ウルトラマンの海外利用権をめぐるトラブルは、円谷プロとチャイヨー・プロダクションの対立に始まっている。日本の裁判では円谷プロが敗訴してしまうが、逆にタイの裁判ではチャイヨーの契約書は無効という判決が下された。しかし、2011年に日本で行われたウルトラマン海外利用権訴訟は、円谷プロが逆転勝訴。2018年にアメリカで行われた裁判の判決も、やはり契約書を無効とするものだった。これにより、ウルトラマンの海外展開に弾みが付くと見られている。

一方、海賊版ウルトラマンの無法地帯となってきた中国では、2005年、海外利用権を譲らないチャイヨーが広東省の裁判所に円谷プロを提訴し、『プロジェクトウルトラマン』なる企画を始動していた。裁判ではチャイヨーの主張は認められず、円谷プロが勝訴。ところが騒動はそれで終わらず、北京市での裁判では円谷プロが敗訴したという事例もある。今回の中華ウルトラマン映画は、円谷プロ対チャイヨーの延長戦と言ってもいいだろう。

映画『鋼鐵飛龍之奥特曼崛起』はグレーゾーンを突いて製作されたものではあるのだが、これだけ悪い意味で注目を集めているうえに、第1弾の興行収入も680万ドル（約7億4000万円）と決して成功したとは言えない数字にもかかわらず、訴訟トラブルの最中に第2弾が公開されたのはなぜなのだろうか。

第1作目『鋼鐵飛龍再見奥特曼』で描かれるウルトラマン（実質的には偽物のウルトラマンである）は、故郷の星を失って中国で暮らしているという設定。彼は自らの超能力をエネルギーとして体内から取り出し、人々の前から姿を消していた。それから数十年後、地球各地でエネルギー異常に伴う巨大災害が続発、ヒーローチームが調査に乗り出すが、背後にはウルトラマンの存在があることが判明。

つまりウルトラマンは正義の巨大ヒーローではなく、悪の組織と手を結んだ元ヒーローとして描かれている。最後は悪行を悔いるように思わせて、再び逃げ去るというたくましさ。このラストからも、続編を作る気は満々だったことがうかがえる。

同作は、中国の建国記念日に当たる国慶節（10月1日）に公開されたもので、一説には中国政府から2億元（約34億円）の製作費が支払われたと言われる。日本生まれの元ヒーローが悪に染まり、最先端技術の粋を集めた中国の新たなヒーローチームが旧悪を追い払い、改めて地球防衛の任務に就く、という内容にも思えてしまう。要は建国記念日に相応しい、中国礼賛アニメという側面もあるのだ。

中国語サイトでは特撮ファンから散々な評価を下されている一方で「強い中国像に満足した」という意見も散見される。続編が製作されたということは、中国政府としても満足できる内容だったということなのだろう。

第3章

邦楽

北朝鮮の曲『イムジン河』のカバーが発売中止になるまで

『イムジン河』ザ・フォーク・クルセダーズ
発売予定日：1968年2月21日／作詞：朴世永／訳詞：松山猛／作曲：高宗漢

ザ・フォーク・クルセダーズ（通称・フォークル）は、大ヒットした『帰って来たヨッパライ』に続くメジャー第2弾シングルに、北朝鮮の曲『イムジン河』のカバーを予定していた。『イムジン河』は『帰って来たヨッパライ』と共に自主制作盤『ハレンチ』に収録されていたが、東芝盤用に録音し直されている。

この曲はフォークルのブレーンだった松山猛が、親善サッカー試合を申し込むために訪れた朝鮮学校で初めて聴き、加藤和彦に口伝えで教えたもの。松山は朝鮮学校の友人に1番の歌詞を邦訳してもらい、それを元に日本語詞を書いた。

しかし発売日を控えたある日、東芝は朝鮮総連からの抗議を受けてしまう。そして東京ヒルトンホテルで『帰って来たヨッパライ』の200万枚突破記念会見、同時に新曲『イムジン河』の発表会見が開催された際、その会場に「朝鮮総連の人が会社で待っている」との連絡が入る。松山も東芝側も『イムジン河』は昔からある朝鮮民謡だと思っていたが、実は朴世永と高宗漢が1957年に発表した、北朝鮮では非常に有名な曲だったのだ。

朝鮮総連側は「朝鮮民主主義人民共和国の曲であること、作詞作曲者名を明記すること」を要求した。そして東芝側は、国際問題に発展することを憂慮して「高名な作詞家の作品に勝手に日本語詞を付け、申し訳ありません」と謝罪し、発売中止を決定。こうして『イムジン河』は、発売日の数日前に封印されたのである。

それから27年がたった1995年に、東芝盤ではないものの『イムジン河』を収録した自主制作盤『ハレンチ』がCDで復刻。2002年には東芝盤『イムジン河』もCDで発売された。同年、フォークルが一時再結成。そして2005年に『イムジン河』を主題歌

東芝盤『イムジン河』（アゲント・コンシピオ）

にした映画『パッチギ！』が公開となる。『イムジン河』の封印は解けたのか。

いや、それは甘かった。『パッチギ！』を宣伝するため全国を回った井筒和幸監督は、『アサヒ芸能』2005年1月27日号（徳間書店）にて「福岡でも名古屋（のラジオ局）でもそうやったんやけど（中略）結局（主題歌『イムジン河』を）かけてもらえなかった」と憤る。

『イムジン河』の封印は、まだ解けていなかったのだ。

ザ・フォーク・クルセダーズ
関西発のフォーク・グループ。自主制作盤収録の『帰って来たヨッパライ』が人気となり、同曲でデビュー。その際にオリジナルメンバーの加藤和彦と北山修に加え、はしだのりひこが参加。1年間のみ活動し解散した。

発売中止に回収 頭脳警察に何が起きたのか

『頭脳警察1』頭脳警察
発売予定日：1972年3月

1970年、ギター&ボーカル担当のパンタと、パーカッション担当のトシにより結成されたロックバンド・頭脳警察。非公式ながら、パンタの友人であるデザイナーのファッションショーで演奏したのが、頭脳警察としての最初の仕事だった。公式な初舞台は、同年4月1日に神田共立講堂で開催された、第1回ヘッド・ロック・コンサートである。

当時の頭脳警察は、まだ政治色の強い曲は演奏していなかった。だが初舞台の約1カ月後、パンタはとんでもないことをしでかす。日劇ウエスタンカーニバルのステージ上で手淫に及んだのだ。以降、頭脳警察は日劇に出入り禁止になったという。

そんなパフォーマンスだけが理由ではないのだろうが、何かやらかす感を漂わせていた頭脳警察は、反体制の風を受けて次第に頭角を現していく。彼らは客にウケればウケるほど、さらに反逆的な政治色の強い曲を演奏するようになっていった。そうして生まれたのが、頭脳警察の代名詞とも言える曲『世界革命戦争宣言』『赤軍兵士の詩』『銃をとれ』である。

その矢先に、ビクターレコードから「頭脳警察のアルバムを発売したい」という連絡が来た。彼らはアルバム用に、1972年1月、京都府立体育館と東京都立体育館で開催したライブを録音。全ては順調に進んでいた。しかし、彼らの曲をレコード制作基準倫理委員会（通称・レコ倫）が問題視したため、プレスする直前になりアルバムは発売中止となってしまう。

レコ倫の指摘を受けたのは『世界革命戦争宣言』『赤軍兵士の詩』のほか『暗闇の人生』『お前が望むなら』『言い訳なんか要らねえよ』の全5曲。収録曲の半分にも及ぶ。なお『暗闇の人生』は「麻薬を打たれたかのように」という歌詞が、『お前が望むなら』は「お前が望むならいつでも入れてやるぜ」という歌詞が、『言い訳なんか要らねえよ』は「てめえのマンコに聞いてみな」という歌詞が問題となっている。

そして『世界革命戦争宣言』と『赤軍兵士の詩』は、ほかの曲よりも大きな問題をはらんでいた。その問題とは連合赤軍事件である。アルバムの発売を予定していたのは1972年3月。その前月、連合赤軍による浅間山荘事件が発生していたのだ。

2月19日、軽井沢にある浅間山荘に押し入った連合赤軍のメンバーは、管理人の女性を人質にして立てこもり、機動隊員と銃撃戦を繰り広げた。それにより警察官2人が殉職。連合赤軍のメンバー全員が逮捕されたのは、2月28日のことだ。

なお『世界革命戦争宣言』と『赤軍兵士の詩』は、共産主義という根は同じかもしれないが、連合赤軍とは全く別のものと考えなければならない。しかし当時、世間一般では赤軍と凶悪な極左集団は同一視されていた。それも仕方のないことだ。政治や新左翼運動に詳しくなければ、その違いを理解するのは難しいだろう。

このような情勢とアルバムの発売時期が重なるという

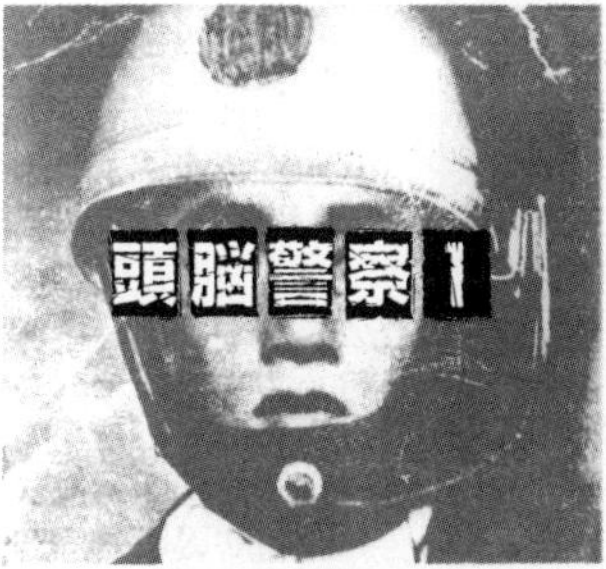

『頭脳警察1』
（フライング・パブリッシャーズ）

不運もあり、頭脳警察のファーストアルバム『頭脳警察1』は封印されたのだった。

ファーストアルバムの発売中止を受け、ビクターレコードは急遽、スタジオ録音アルバム『頭脳警察セカンド』の制作を決定した。しかし同作は、発売からわずか1カ月で回収されてしまう。収録曲のうち『銃をとれ！』『さようなら世界夫人よ』『軍靴の響き』『暗闇の人生』『お前と別れたい』の歌詞が問題視されたためだ。それに加えて、バンド名にもクレームが付いている。「警察」という単語の使用が問題なのだという。

ファーストアルバムはプレスの直前に発売中止となり、セカンドアルバムは発売から1カ月で回収。頭脳警察のアルバムが無事に店頭に並ぶのは、1972年10月発売のサードアルバム『頭脳警察3』が最初である。発売中止に回収と、何かと世間を騒がせていた頭脳警察のアルバムがようやく発売されると、彼らは良くも悪くもマスコミの注目を浴びた。ただ、過熱する

『頭脳警察セカンド』（ビクターエンタテインメント）

マスコミの報道が宣伝になったことも事実である。そして頭脳警察は一気に知名度を上げ、その頃から伝説のバンドとなっていく。

なお『頭脳警察1』は、頭脳警察が解散した1975年末に自主制作盤として発売された。わずか600枚だけだったが、それでも形になり世に出たのである。その時すでに、発売中止となってから4年近くが経過していた。

頭脳警察
1970年、パンタとトシにより結成。バンド名はフランク・ザッパの曲『WHO ARE THE BRAIN POLICE?』から取られた。1975年に解散。1990年、1年間の期間限定で再結成。その後、2001年に再々結成している。

3億円事件を題材にして発売中止『府中捕物控』の秘密

『府中捕物控』アルフィー
発売予定日：1975年12月10日／作詞・作曲：山本正之

1973年、明治学院大学の学生たちが結成したバンド・アルフィー（現在の表記はジ・アルフィー）は、1974年にシングル『夏しぐれ』でデビューしたものの不発。続く2曲目も売れず、3曲目として用意したのが、中日ドラゴンズの応援歌『燃えよドラゴンズ』の作詞作曲者としても知られる、山本正之が作詞作曲した『府中捕物控』だった。しかし、発売を予定していた1975年12月10日の直前に、急遽、発売中止となってしまう。

『府中捕物控』は、府中刑務所前で発生した3億円事件を題材にした曲だ。3億円事件とは、東芝府中工場に務める従業員のボーナス約3億円が、白バイ警官を装った人物に奪われた現金強奪事件である。日本の犯罪史上、最も巨額の現金（当時）を奪いながらも、誰も傷付けることなく犯行を遂行したため、その手口の鮮やかさから犯人は英雄視されることもある。そんな事件を題材にしていたため、所属レコード会社であるビクターの上層部から「事件を賞賛、快挙とするような曲は不謹慎。会社としては発売を認めるわけにはいかない」と言われてしまったのだ。

実は『府中捕物控』の発売日には重要な意味がある。3億円事件の発生は1968年12月10日。その7年後、要は公訴時効の成立日（民事時効の成立日は1988年12月10日）に発売を予定していたのだ。

この機会を狙っていたのは、ほかの媒体も同様である。東映は映画『実録三億円事件　時効成立』を公開し、TBSも3億円事件を題材にしたドラマ『悪魔のようなあいつ』（主演は沢田研二）の放送を開始。それらは特に問題視されなかったが『府中捕物控』だけは封印されてしまったのだ。

収録アルバム『青春の記憶＋2』（ビクターエンタテインメント）

それに腹を立てたのか、アルフィーはビクターとの契約を解除。その後は由起さおりや研ナオコのバックバンドに加え、ライブ活動に重点を置いた。同時にオリジナル曲の制作にも力を入れ出し、その成果は１９８３年発売のヒット曲『メリーアン』で結実する。屈辱や障害はバネになり、成功をもたらすものなのだ。

なお『府中捕物控』は、封印から約39年後、ファーストアルバムのリマスタリング盤『青春の記憶＋２』（２０１４年12月発売）に収録された。

アルフィー
１９７４年のデビュー当時は４人編成のバンドだったが、現在は坂崎幸之助、高見沢俊彦、桜井賢の３人で活動している。１９８３年に『メリーアン』が大ヒット。以降のシングルは、52作連続でオリコンベスト10入り（２０１７年現在）。

『記念樹』は盗作なのかアレンジなのか

『記念樹』あっぱれ学園生徒一同

発売日：1992年12月2日／作詞：天野滋／作曲：服部克久

表現規制が厳しくなった昨今では、新たな放送禁止曲が生まれることは、ほぼ皆無に近い。そんな中、1992年に『あっぱれさんま大先生』のエンディング曲として発表された服部克久作曲の『記念樹』は、ここ30年間では珍しく確定赤ランプが点灯した放送禁止曲である。

『あっぱれさんま大先生』は、明石家さんまと子供たちによるトーク番組だ。校庭の記念樹と卒業をテーマにした優しいメロディの『記念樹』は、騒がしい番組を締めくくる一服の清涼剤であった。また、その感動的な歌詞とメロディから、各地の小学校の卒業式でも歌われるようになっていた。

しかしある時、小林亜星がこの『記念樹』を聴き「自分が作曲した『どこまでも行こう』に似ている」と服部克久に抗議したことから、泥沼の対決が始まる。彼らの話は平行線で、著作権侵害だとする小林に対して、服部はあくまでも盗作ではないと主張。ついに業を煮やした小林と『どこまでも行こう』の著作権者である金井音楽出版は、1998年7月28日、損害賠償を求めて服部を東京地裁に提訴したのである。

なお『どこまでも行こう』は1966年に発表され、ブリヂストンのCM曲として1970年代まで、何千、何万回と全国のテレビから流れた有名な曲。音楽の教科書に掲載されるほどだったと言えば、その浸透度がお分かりいただけるだろう。さらに近年でも、山崎まさよしや大黒摩季がカバーするなど、愛唱歌的な名曲なのだ。

その状況を最も理解する小林としては、裁判には勝って当たり前だと確信していただろう。しかし2000年2月18日の一審判決では、類似はあるが同一性があるとは判断できないと、請求を棄却されてしまったのだ。

この一審判決を受けて、小林は搦め手に出る。いや、むしろ服部に対する情けを捨てたと言うべきだろう。

控訴時には、当初主張していた複製権侵害（実質的類似性および依拠）を撤回。争点を編曲者侵害に移したのだ。要するに『記念樹』は単なる盗作ではなく『どこまでも行こう』をただアレンジしただけの、盗作以下の曲なのだと言いたかったのではないだろうか。

結果、2002年5月10日の東京地裁控訴審判決では、小林側の主張がほぼ認められ逆転勝訴。判決文によれば「メロディの音の72％が同じ」で、偶然の一致ではあり得ないほどの酷似ぶりだとして、服部による小林の氏名表示権および同一性保持権侵害、音楽出版社の編曲権侵害を認めた。そして服部に約940万円の損害賠償を命じたのだ。当然、服部は上告したが、2003年3月11日の最高裁判決は上告不受理を決定、控訴審判決が確定することになった。

これにより『記念樹』が放送されることはもちろん、公式の場で演奏されることも全くなくなったのである。

大ヒット曲『名もなき詩』歌詞改変の顛末

『名もなき詩』ミスターチルドレン
発売日：1996年2月5日／作詞・作曲：桜井和寿

この『名もなき詩』は、ミスターチルドレンの10枚目のシングル曲だ。月9ドラマ『ピュア』（1996年放送）の主題歌に採用されたことも手伝って、230万枚を超える大ヒットを記録している。

そんな同曲を、ミスターチルドレンがNHKの番組で披露する際に、歌詞の「僕はノータリン」という部分が問題になった。「ノータリン＝脳足りん」は「脳みそが足りない」という意味なので、知的障害者に対する差別と判断されたのだ。

歌が該当箇所に差し掛かると、画面には「頭では足りん」という歌詞が表示されたという。ただし、そのような処置は字幕のみであり、実際には元歌詞のまま歌っている。どうにも不可思議な規制だ。

桜井和寿の歌声はもともと英語っぽいというか、よく聴き取れないことが多い。歌詞を表示しなければ、誰も気付かなかったのではないだろうか。歌詞を表示したために「歌詞が違うじゃん」ということになり、さらに問題が深まる可能性だってあっただろう。オリジナルのまま歌わせたNHKらしくない努力は認めるが、それでも字幕だけは歌詞を変更しておくしいう発想が、実にNHK的で滑稽だ。大御所作家の曲でも『名もなき詩』と同じ処置をするのだろうか。はなはだ疑問である。

なお、ラジオでの放送用に問題部分を「言葉では足りん」と変更し、録音し直したCDが存在するとも噂されている。

『名もなき詩』（トイズファクトリー）

ミスターチルドレン
1988年結成。1992年にアルバム『EVERYTHING』でメジャーデビュー。その後、1994年から1996年まではミリオンヒットが続く。1994年と2004年に日本レコード大賞を受賞。グループが複数回受賞するのは史上初である。

伝説のグループが起こした2枚同時のCD回収騒動

1996年、キングギドラは活動を休止した。その6年後、2002年に彼らは活動を再開。同年4月10日、マキシシングル『UNSTOPPABLE』『F.F.B.』の2枚を同時に発売した。だが『UNSTOPPABLE』は収録曲である『ドライブバイ』の同性愛者差別で、さらに『F.F.B.』は表題曲のHIV患者に対する偏見と女性蔑視で、どちらも騒動を巻き起こしている。

まず『ドライブバイ』は「ニセもん野郎にホモ野郎」（作詞：ZEEBRA、KDUB SHINE）などの歌詞が問題視された。抗議をしたのは、音楽ライターの伊藤悟を代表とする同性愛者団体・すこたん企画。抗議を受けた発売元は、すぐに『UNSTOPPABLE』の回収と出荷停止を決定している。

この処置に、キングギドラ側は「あれはヤワなヒップホップをしている連中を揶揄したもの」と発言。伊藤側はキングギドラ側との話し合いを望んだものの、発売元は「彼らに悪意はなかった」と伝えるのみにとどまり、結局両者が直接対話することはなかった。その後、キングギドラのリーダーであるK DUB SHINEは、音楽雑誌で「どこがいけないんだろうって思いは未だにある。普通に日常会話でしゃべっているのをそのまま曲にするのがラップだからさ」と話している。これは火に油を注ぐ形となり、伊藤側を大いに失望させた。

一方の『F.F.B.』は、尻の軽い女性を揶揄する曲だ。歌詞の「バリューパック　おまけはHIV」（作詞：ZEEBRA、K DUB SHINE）などが特に問題視された結果、やはり回収、出荷停止となった。

ちなみに両マキシシングルの回収、出荷停止を受けて、双方の問題曲以外を収録した『UNSTOPPABLE』が、2002年4月27日に発売されている。

キングギドラ
1993年に結成された3人組ヒップホップグループ。アルバム『空からの力』で注目を集めた。社会の暗部に斬り込むメッセージ性に富んだ楽曲や、ライブ・パフォーマンスに定評がある。1996年に活動を休止したが、後に活動再開。以降も断続的に活動中。

回収された『サヨナラの名場面』と名曲『ファイト！』の類似性

『サヨナラの名場面』ハイウェイ61
発売日：2005年5月11日／作詞・作曲：堀井与志郎

ハイウェイ61の新曲が発売されると、インターネットなどでは「歌詞とメロディの両方とも、中島みゆきの『ファイト！』に酷似している」と話題になる。それを受けた発売元のワーナーは、2005年12月13日、シングル『サヨナラの名場面』と同曲を収録したアルバム『HIGHWAY61』の販売中止、回収を決定。

問題になった『サヨナラの名場面』と『ファイト！』は、曲の途中まではその類似点は判断しにくいのだが、サビになるとソックリだ。

ハイウェイ61は同曲をアメリカで録音。発売日が迫ると自身のホームページで「これは奇跡のシングル！（中略）『サヨナラの名場面』には本当4人の魂が入り込んでます。（中略）プレイバックを聴きながら涙が出そうになったけど、恥ずかしいから我慢した。でも、まさるは泣いていた」などと、その自信を表明していた。

だが、販売中止と回収が決定すると「たくさんの心配や迷惑を掛けたことを、ここでお詫び申し上げます。（中略）僕自身の甘さのせいだったり逆らえない運命だったり。けっこう落ちるところまで落ちたように思う」と豹変。

ちなみにこの騒動後、彼らの新曲は一般の店では販売されず、ライブ会場もしくは通信販売での限定発売となっている。

いわゆるパクリ疑惑は、ほかにもたくさんある。ここでは『千の風になって』の疑惑を紹介しよう。無名のテノール歌手である秋山雅史が、2006年放送の第57回『NHK紅白歌合戦』でこの曲を披露するや、たちまち大ヒット。クラシック系の歌手では初のオリコンチャート1位という記録を樹立している。だが、イル・ディーヴォが歌う『哀しみのソレアード』に似ていることが週

『サヨナラの名場面』（ワーナー）

刊誌などで指摘された。
そもそも『哀しみのソレアード』は、1974年、イタリアのダニエル・センタクルツ・アンサンブルのハミングコーラスで大ヒットした曲。その後も多数のミュージシャンにカバーされている、いわばムード音楽の定番だ。『千の風になって』は、そんな曲にメロディはもちろん荘厳なアレンジも酷似している。要は全体的にソックリなのだ。NHKにとって『千の風になって』のヒットは歓迎すべき話題だろうが、腑に落ちない。大丈夫かNHK。

ハイウェイ61
2000年に結成されたロックバンド。メンバーはギター&ボーカルの堀井与志郎、ギターの井上鞭、ベースの渡邊大顕、ドラムの薬師神勝。2004年にメジャーデビュー。パクリ騒動後の2007年に解散したが、2010年に再結成している。

訴訟にまで発展した『約束の場所』判決の行方は……

『約束の場所』ケミストリー
発売日：２００６年10月４日／作詞・作曲：槇原敬之

槇原敬之がケミストリーに提供した曲『約束の場所』。同曲はＣＭソングとしても採用され、オリコンチャート４位を記録するなど好セールスを挙げた。

だが、このヒット曲に「盗作だ！」と噛み付く人物がいた。『宇宙戦艦ヤマト』や『宇宙海賊キャプテンハーロック』などでお馴染みの漫画家・松本零士である。

松本が盗作と主張したのは『約束の場所』のサビで歌われる「夢は時間を裏切らない　時間も夢を決して裏切らない」という部分だった。松本は同曲の発売直後に、女性週刊誌で抗議の意思を表明。『約束の場所』の歌詞が『銀河鉄道９９９』に登場する「時間は夢を裏切らない　夢も時間を裏切ってはならない」というセリフに酷似しているど主張した。また松本は、このフレーズは漫画以外でも、自身の講演会などで繰り返し使用してきたとしたうえで、「これほど似ているということは彼（槇原）が知らないわけはなく、勝手に使うのは盗作である」と強く抗議したのである。

この抗議にマスコミが食い付き、テレビや新聞で取り上げられると騒動は一挙に拡大。『約束の場所』をイメージソングとして採用していたＣＭも放送休止となってしまう。ここまで騒動が大きくなると、槇原も黙っていない。槇原は記者会見を開いて盗作を完全に否定し、自身のホームページで「『銀河鉄道９９９』は個人的趣味で読んだことがなく、歌詞は全くのオリジナルであり、本当に盗作だと疑っているのなら（自分を告訴して）裁判で決着していただきたい」と強硬なコメントを発表した。

彼はさらに「盗作の汚名を着せられ、ＣＭ放送休止のダメージも受けた。逆に松本氏に謝ってほしい」と、真っ向勝負で争う意思を表明。逆に槇原が、松本に盗作をしたという証拠の提出と、証拠が示されなかった場合は２２００万円の損害賠償を求める著作権侵害不存在請求の訴えを東京地裁に起こし、舞台は法廷に移された。

法廷では、槇原が「件のフレーズは仏教の因果応報からヒントを得たもので、『銀河鉄道９９９』のセリフは知らなかった」と盗作疑惑を否定すれば、松本も「あそこまで似ているのはあり得ない」と反論。両者の主張は平行線をたどったまま、裁判は進んでいく。

東京地裁で判決が下されたのは、槇原が訴えてからおよそ2年後の２００８年12月26日。そもそも専門家の間では、盗作の証拠集めが難しいことから「槇原有利」との見方が強かった。その予想通り、判決も槇原の主張を認め「盗作の事実なし」として松本に２２０万円の支払いを命じた。

後に両者とも控訴したが、控訴審において和解が成立（金銭の支払いはなし）。松本は「槇原氏の社会的評価に悪影響を与えた」と陳謝している。

彼らは多くの人に夢を与える存在だ。金銭でカタを付けるという、残念な結末にならなくて安心した。

ケミストリー
２００１年、テレビ東京のオーディション番組『ＡＳＡＹＡＮ』を切っ掛けに結成。同年３月発売のデビューシングル『ＰＩＥＣＥＳ　ＯＦ　Ａ　ＤＲＥＡＭ』は、ミリオンセラーを記録している。２０１２年に活動を休止。その後メンバー２人はソロ活動に専念していたが、２０１７年に活動を再開した。

ある日、彼は理性を失った……克美しげるの生涯

1976年5月9日の新聞各紙は、前代未聞の現役歌手による殺人事件を大きく取り上げていた。

「歌手の克美しげる(37歳)が、愛人の太田優子さん(35歳・仮名)殺害容疑で5月8日に逮捕された。克美は、銀座でホステスをしていた優子さんをソープランドで働かせ貢がせていたが、カムバックの邪魔になると考え殺害した……」

1963年に放送を開始したアニメ『エイトマン』に、当時小学生の筆者は夢中になっていた。『鉄腕アトム』も好きだったが、やはり『エイトマン』のハードボイルドな雰囲気にシビレていた。そして何よりも、克美の歌う主題歌が良かった。それだけに、この事件はショックだった。

逮捕から29年後の2006年12月、筆者は克美が住む群馬県館林市を訪れた。彼はことのほか元気だった。実は克美と会うのは4度目である。

最初の出会いは2004年2月。筆者が構成を担当したテレビ神奈川の歌謡（ド演歌？）番組『かっぱちゃんの歌謡スタジオ101』の収録現場でのこと。ただしその現場は、番組名にもなっている歌謡スタジオ101というカラオケスナック。それは番組を自己資金で製作する、演歌歌手の鹿村浩（通称・かっぱちゃん）が経営している店だ。中高年のカラオケファンが集まるという店内は、その古さも手伝って場末の雰囲気がムンムン漂っていた。

スタジオで収録しないのは、もちろん低予算番組だからだ。筆者は鹿村の「自分の演歌番組を持ちたい」という情熱にほだされ、ノーギャラで構成を引き受けた。そして第1回目の話題作りにと、克美の出演を決めた。克美をテレビに出演させて、しかも歌わせることは業界のタブーである。しかし、プロデューサーの「いけそうだ」の判断で収録は行われた。

克美は1996年に脳硬塞を患ってから、顔面麻痺と軽度の言語障害に苦しんでいたが、歌う時はしっかりしていた。そして『さすらい』に続き、獄中で制作したという『俺の故郷』を続けて歌った。克美は「やっとテレビに復帰できる」と大喜び。収録現場にいた店の常連客たちは、久しぶりに見る克美に大声援を送った。最後に克美が『エイトマン』を歌い始めると、中年の男性客たちは一緒に歌い出し、中には涙ぐむ者までいた。

こうして収録は大成功に終わったが、放送の1週間前、テレビ神奈川から「克美しげるの出演に問題あり」との通達が入る。結局、克美の出演部分はカットされ、お蔵入りが決まった。この時、筆者は「克美の歌番組出演は芸能界のビッグニュースになる」と放送の強行を目論んだが、それは果たせなかった。

その事実を克美に伝えると「いや、僕のせいでご迷惑をお掛けしました」と逆に丁寧な挨拶を返され、複雑な思いにかられたものだった。

現在、克美が住んでいる家は、1995年に結婚した礼子夫人の実家である。彼女は4度目の結婚相手。しかも70歳の克美に対して、礼子夫人は38歳。実に32歳の年齢差だ。しかし克美は「年下なんて思えないですよ。彼女は僕にガンガン言いますからね。『甘えてるんじゃない』って。強い人です。彼女がいるからこそ、今こうして生きていられるんですよ」と話す。

２００６年1月、克美は脳硬塞を患った。10日間も意識不明に陥り、生死の間をさまよっている。

「脳硬塞になった時、いよいよおしまいだ。これで俺が死ねば、少しは罪滅ぼしになるかなって。だけど、こうして生き長らえた。悪運が強くて我ながら呆れます」

克美はそう話しながらタバコに火を付け、少し沈黙した。


克美しげる、本名・津村誠也。１９３７年、宮崎県生まれ。大きな材木屋を経営する裕福な家に育った。

「なぜか中学はクリスチャンの学校に入れられ、聖歌隊のメンバーになるんです。その顧問の先生にソロを取るように言われたのが、歌に目覚めた切っ掛けかな」

その後に家業が傾き、当時高校生だった克美は家計を助けるためにアルバイトを始めた。得意のギターでフルバンドに入団、クラブのステージに立つようになる。

「学校にバレて何度も停学になったけど、それでも続けてましたね」

その頃、山下敬二郎や平尾昌章、ミッキー・カーチスなどが流行しロカビリーブームが到来する。

「まだテレビもろくに普及してないから、情報が届かない。だけど、どうやら東京ではロカビリーが大変なことになっているようだ。そう考えると居ても立ってもいられなくて、汽車に飛び乗ったんです。高校3年生の時。早い話が家出ですよ」

当時、宮崎～東京間は汽車で約1日半。あまりに長く、ほとんどの家出人は車中で決心が揺らぎ、途中の大阪で下車したという。

「僕も大阪で途中下車するんです。でも、家出を諦めたわけじゃない。大阪のジャズ喫茶で、憧れの水原弘が歌っていたんです。僕は彼のステージが終わると楽屋を訪ねて、付き人にしてもらえないかと頼んだんです」

克美が高校生だと知った水原は、彼を付き人にすることはなかった。しかし有名バンドのバンドマスターを紹介してくれるなど、親身になってくれた。初対面の高校生に、なぜこれほどの世話を焼いてくれたのか。この時すでに水原は、克美の秘められた才能を見出していたのかもしれない。

1960年、克美はNHK大阪のオーディションに合格。その翌年『霧の中のジョニー』で華々しくデビューした。1950年代後半から1960年代前半の日本歌謡界は、空前の洋楽カバーブーム。克美もイギリスのジョン・レイトンがオリジナルの『霧の中のジョニー』や『片目のジャック』『史上最大の作戦のマーチ』『さすらいの慕情』と、カバー曲を次々に発表。当時の克美は「レコードは出せば売れるものだと思っていた」と話すほど、ノリに乗っていた。

そして、その頃に『エイトマン』の主題歌を吹き込む。同曲はアニメ主題歌の古典にして、国民的アイドルのSMAPが歌うCMソングとしても有名である。しかし当時の克美にとっては、さほど力も入っていない「単なるテレビ漫画の主題歌」にすぎなかった。さらに「レコーディングの時、さんざんでしたからね」と笑う。

『エイトマン』の録音は、借り切った公会堂に生バンドを集めて一発録りで行われた。何テイクかの録音を終えた時、サブ（ミキシングの部屋）にいたディレクターや作詞者である前田武彦の「これじゃあダメだ。克美はダメだなあ……」という声が公会堂内に流れた。マイクのスイッチを切り忘れていたためだ。これには、克美も相当落ち込んだという。

しかし『エイトマン』はヒットした。それに加えて、B面曲『北京の55日』も人気を呼んだ。このヒットにより、洋楽カバーを中心に歌ってきた克美に新たな歌が提示される。それは国産の歌謡曲だった。

「これまでポップス路線だったから、正直、歌謡曲は歌いたくなかったんです」

しかし、1964年に発売された『さすらい』は大ヒットを記録した。その年、克美は『NHK紅白歌合戦』に初出場。翌年も続けて出場し、スター街道をひた走ることになる。また、その軽妙なキャラクターが買われて、NHKの時代劇『人形佐七捕物帳』に佐七（松方弘樹）の子分・豆六として出演。お茶の間の人気を集めた。

まさに我が世の春を謳歌していた克美。しかし、浮き沈みがあるのは芸能界の常である。1971年くらいから、克美に低迷期が訪れてしまう。この時、克美には妻がいて長女も生まれていた。しかも専属バンドのメンバー10人を抱えており、彼らを食べさせなければいけなかった。稼ぎが足りない……。

当時、スタッフは誰も知らなかったが、克美には愛人・太田優子がいた。そして銀座のホステスをしてい

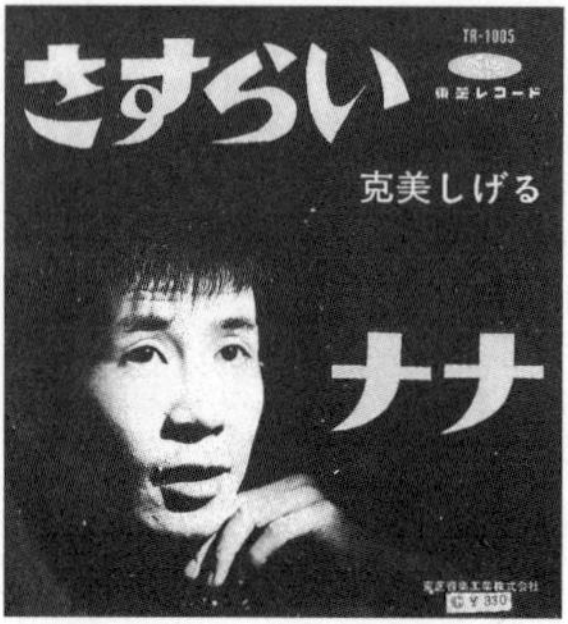

EPレコード『さすらい』（東芝）

た彼女に金を貢がせた。それでも足りない。優子は自らソープランドで働き始めた。「もう歯止めが利かない。悪いとは思いながらも、彼女から金を受け取っていた」

この頃、優子は克美に「妻と別れてほしい」と懇願するようになった。優子の求めは徐々に強くなり、克美はストレスを感じ始めていた。しかし克美は、娘が可愛いため離婚は考えていなかった。「関係を清算しなくては」という思いが強くなってはいたが、ズルズルと関係を続けていた。

そんな時、古巣の東芝から声が掛かる。当時、東芝は3千万円作戦と称して、かつての夢をもう1度と、低迷した歌手のカムバック作戦を展開していた。1人目は克美の師匠・水原弘。水原は『君こそわが命』で長い低迷期を抜け出し、大成功を収めていた。その作戦の3人目に選ばれたのが克美である。

「会社から『大掛かりなプロジェクトだが、身辺は大丈夫だろうね』と問われ、体内の血が逆流したんです」

この頃には、優子は公の場にもたびたび現れるようになっていた。「あなたが煮え切らない態度を取るなら、私なりの方法でやってみるわ」と、強攻策に出たのだ。彼女は克美の営業先に出没し、客席に座り克美をじっと見詰めるようになった。克美は舞台で歌いながら、客席から熱い視線を送る優子を見付けては戦慄した。さすがにスタッフの中にも優子の存在に気付く者が現れたが、克美はそれを「熱心なファンらしいね」と誤魔化すのだった。

復活作戦用の新曲『おもいやり』の北海道キャンペーンが、1976年5月6日から始まることが決まった。すでに有線放送では、同曲は人気曲となっていた。「これならカムバックは成功するかもしれない。だが、このままでは優子も北海道に付いて来る。何とかしないと……」

この時、克美が「仕事先に女性なんか連れて行けない」と言えば済むことだったのかもしれない。だが、克美にはそれができなかった。とにかく、優子をなだめすかすことしかできなかったのだ。

そして5月6日の未明、悲劇が起きてしまう。克美は「北海道へは1人で行くからね」と、隣に寝ていた優子に告げた。起き上がった優子は「何言ってんの。これから奥さんの所に行って決着を付けてくるわ！」。

その瞬間、克美は理性を失って、優子の首を両手で絞めた。「許してくれ」と言いながら、さらに両手に力を込めると彼女は動かなくなった。克美は、毛布に包んだ優子を知人から借りた車の後部トランクに入れ、午前5時前、羽田空港に向けて車を走らせた。

事件は2日後に発覚した。克美が北海道キャンペーンを行っている時に、羽田空港の駐車場に停めていた車のトランクから優子の遺体が発見されたのだ。克美は旭川であっけなく逮捕されたのだった。

この時、全国のレコード店にはカムバック曲『おもいやり』が並んでいた。『おもいやり』とは何と皮肉な……。そしてそのレコードは、すぐに回収された。発売からわずか数週間。店頭からレコードは消えたが、同曲は一時的なヒットを記録した。

東京地裁で懲役10年の判決が下され、克美は大阪刑務所に服役した。

「刑務所は単調な毎日で、本当に辛かった。その辛さを紛らすため、作詞作曲をしました。印刷工場で仕事をしてましたから、紙はたくさんある。それに書くんです。これは規則違反で、何度も看守に見付かって独房入りですよ。いつだったか、房の仲間に『どんな曲を作ったの？』と聞かれたので教えたら、大合唱になって全員が懲罰を受けたこともありましたね」

克美の服役中、いろいろな芸能人が慰問にやって来た。コロムビアから、克美と同じ東芝に移籍した村田英雄には「お前は下手だな。愛人なんて誰にでもいる。どうして一言相談しなかった。人を殺めるくらいなら、全てを捨てて浮浪者になる方がマシだ！」と叱責され、目の覚める思いがしたという。

克美は10年の刑だったが、模範囚だったこともあり8年で仮釈放となった。

「出所の日の朝礼のことは忘れられません。みんなの前で私の出所を伝えた看守さんが『エイトマン』を歌えと言うんです。みんなの前で歌いましたよ。合計3曲も。歌い終わると、看守さんは『これは全員の秘密だ。誰にも言うなよ』ってね」

克美は1983年に刑務所から出所した。

「刑務所に入ると早く娑婆に戻りたいと思うわけですが、実は仏教用語での娑婆とは、とても厳しい場所を指すんだそうです。本当にそうです、娑婆は厳しい……」

出所後は「殺人を犯しながら8年の服役は短い」と非難する人もいて、克美はほとんど引きこもり生活となる。もちろん、人前で歌うことはなくなった。だが、克美には歌しかない。彼は知人の協力を得てカラオケ教室を開き、歌を人に教えることにした。その間に2人の連れ子のいる女性と再婚するが、数年で破局。また、1989年には覚醒剤取締法違反で再び逮捕された。手を差し伸べてくれていた人たちは、呆れ果て彼の元を去った。「俺は何てことをしでかしたのだ。2度と立ち上がれない」とふさぎ込んでいた時に現れたのが、現在の夫人・礼子さんだ。

「僕が56歳、彼女が24歳の時に結婚しました。こんなどうしようもない男と、どうして……。私をどうにかしないと、と思う気持ちから結婚してくれたようです」

年齢差もあるが、過去に殺人を犯した者の夫になることは、相当な覚悟が必要なはずである。一体、礼子夫人はどのような人物なのだろう。彼女のキャラクターがよく分かるエピソードが残っている。ある夜、礼子夫人が克美のライブを手伝っていた時のことだ。

「客の1人が礼子に向かって『あんたも殺されちゃうよ』とヤジったんです。礼子は振り向いて『その前に私が殺してやるわよ！』とやり返してました。会場はシーンと静まり返って。いやあ、あれには僕もビックリです」

礼子夫人は、何事もズバリと克美に言う人だという。

「あなたは、ずっと芸能界でチヤホヤされてきた。だけど、それを続けているとダメになる。私はあなたを愛してるなんて言わないし、特別扱いもしない。私はあなたを叱咤激励するだけ」

克美は、そんな礼子夫人について「彼女は女房というよりも、戦友みたいな感じですね。僕よりも随分と年は下だけど。でも、この戦友と出会えて僕は変われた。感謝してます……」と話していた。

2006年11月、克美の代わりに『おもいやり』を歌った黒木憲が逝った。克美にとっての黒木は、東芝の後輩であり友人でもあった。その黒木のお別れ会が都内某所で開かれた。克美はこれまで公の場に出ることは極力控えていたが、思い切って参加した。そこにはかつての懐かしい顔が揃っており、旧交を温めた。

「僕、会に出て本当によかった。何だか、これまでのわだかまりがスーッと消えたんですよ。そりゃあ一生罪が消えることはないけど。自分の中で、次に進める何かが見付かったような気がしたんです」

現在、克美の仕事の中心は、知人らが開いてくれるスナックなどでのささやかな営業である。取材時には、克美は割烹で開かれたある忘年会で歌った。『さすらい』を

『エイトマン』を『おもいやり』を懸命に歌う克美は、心から嬉しそうだった。

筆者は一瞬、その割烹が、克美が初出場した時の『NHK紅白歌合戦』の会場に見えた気がした。

この取材の約6年後、2013年2月、礼子夫人から突然の連絡が入った。克美が脳出血のため亡くなったという（享年75歳）。彼の葬儀には、多数の芸能界関係者が参列していた。

なお、克美の曲は『エイトマン』を除き、現在も封印されたままである。

自殺した人気アイドル歌手
岡田有希子

1986年4月8日の午後12時頃、1人の女性がビルの屋上から飛び降りた。ビルの1階は弁当屋である。昼時だったので店内は20人ほどの客で賑わっていた。ゴツンという鈍い音が耳に入り何人かが振り向くと、すぐに悲鳴が上がった。次の瞬間、大半の客が蜘蛛の子を散らすようにその場から逃げ去った。

コンクリートの舗道には、女性がうつぶせになり横たわっていた。白いストッキングをはいた脚が見えたが、靴は履いていなかった。ピンク色の物体が、彼女の頭部付近に飛び散っていた。肉片だった。真っ赤な血がスーッと流れていった。

その女性が飛び降りたビルは、東京都新宿区四谷四丁目の交差点前にある大木戸ビル。そこには芸能事務所のサンミュージックが入っていた。自殺した女性はアイドル歌手の岡田有希子（本名・佐藤佳代）。18歳だった。

自殺する約2カ月前の2月10日には、前月末に発売された8枚目のシングル『くちびるＮｅｔｗｏｒｋ』がオリコンチャートで1位になるという、有希子初の大ヒットを記録している。普通なら喜びでいっぱいのはずだ。それなのに、なぜ彼女は死を選ばなければならなかったのだろうか。俳優・峰岸徹との恋愛に悩んでいたため……という憶測情報も流れたが、その真相は明らかになっていない。

有希子の死によって、１９８６年5月14日の発売を予定していたシングル『花のイマージュ』の発売中止が決定。同曲は『くちびるＮｅｔｗｏｒｋ』の編曲を担当したかしぶち哲郎が、初めて有希子のために作詞と作曲も手掛けた意欲作である。しかし封印されてしまった。

これまで幼い恋愛ソングを歌ってきた有希子としては、新境地の曲である。当時この曲が発売されていたら、純情なファンたちは大きなショックを受けたに違いない。

『花のイマージュ』など全17曲を収録したベストアルバム『ＡＬＬ ＳＯＮＧＳ ＲＥＱＵＥＳＴ』（ポニーキャニオン）

何しろその歌詞は「愛しあいたい バラになりたい 彼の腕に抱かれて」という内容である。しかし、清純派からの脱却を示唆した確信犯的なフレーズが、ファンの耳に届くことはなかった。有希子は永遠に清純派のまま、ファンの心の中に生き続けることになったのである。

実は有希子は、飛び降り自殺をした4月8日の午前中にも自殺を図っていた。青山にある自宅マンションで、手首をカッターナイフで切りガス栓を開いたのだ。ガスの臭いに気付いた住人が通報し、救急隊員と警官がマンションに駆け付けた。彼らが有希子の部屋に入ると、彼女は押し入れの中で泣いていたという。有希子はそのまま病院に連れて行かれたが、容態は大したことなく、サンミュージックの専務が事務所に連れ帰っている。

この時、事務所は有希子の自殺未遂を隠蔽することばかりに気を取られ、その後の彼女の行動を予想しなかった。それが悲劇を招いたのである。

有希子は付き添っていた専務らに「ティッシュを取ってくる」と告げて、部屋を出た。彼女を1人にするとは、何とも迂闊である。そして有希子は5階に入居していた事務所を出ると、屋上に向かった。

その頃、有希子のマネジャーである溝口伸郎は、タクシーに乗り事務所に向かっていた。前方に四谷三丁目の交差点が見えた。見慣れている大木戸ビルの屋上から影が落ちた。溝口は、有希子が自殺する瞬間を目撃したのだった。

溝口はその後、酒井法子のマネジャーなどを担当していたが、2000年に事務所のトイレで首を吊って自殺した。有希子が最後に立ち寄ったのもこのトイレだったため呪いなどの噂も出たが、持病の糖尿病に悩んで、というのが定説である。

有希子の死後、その後追いと思われる若者の自殺が続いた。あるテレビ番組に出演した森田健作が、若者たちに自殺を思いとどまるよう説得をするなど、深刻な社会現象にまでなっていたのである。そのような状況から、世間への悪影響を考慮したサンミュージックは、今後は有希子関連の取材に協力しないことを決定した。

こうして有希子の自殺も封印された。彼女は熱心なファンを除き、人々の記憶から遠ざかっていった。

1986年8月4日、テレビ朝日系でドラマ『ママ母VSママ子！家出令嬢の課外授業』が放送された。本来ならば有希子が主演するはずのドラマだったが、彼女の代役は渡辺典子が務めた。

同年10月21日には、堀ちえみのシングル『素敵な休日』が発売された。これは『花のイマージュ』の次に有希子が歌う予定だった曲である。しかし、こうしたことも大きく発表されることはなかった。

そして有希子の死から12年が経過した。頑なに有希子の封印を守り続けてきたサンミュージックは、1998年の13回忌を機に、徐々に封印を解き始める。

同年4月、新宿文化センターで岡田有希子展を3日間開催。翌年3月17日にはCD『メモリアルBOX』を発売。『花のイマージュ』を初収録した同作は、3万セットという異例のヒットを記録した。

2007年10月下旬、筆者は東京駅から新幹線に乗り名古屋駅に向かった。名古屋駅からは在来線に乗り換え、愛西市にある佐屋駅で降りた。タクシーを拾い成満寺に着いた。有希子が眠るお寺である。彼女の墓の場所が分からず、お寺の職員に「岡田有希子さんの墓はどこでしょうか」と尋ねると、すぐに案内してくれた。

驚いた。墓の前に２人の男性がいたのである。しかも、彼女の墓は花で覆われていた。その日は有希子の命日が近いわけでも、誕生日でもない普通の日である。お寺の職員が「ほとんど毎日、誰かが参っているんですよ」と教えてくれた。

その男性２人はHとJ。今日ここで知り合ったという。共に有希子と同世代の40代だ。もちろん、彼らは彼女の大ファンである。しかもHは、有希子が高校生の時からの知り合いだったという。

「佳代ちゃんがサッカー部のマネジャーをしていた頃、友人に紹介されたんです。その時から、もうスターのオーラがあったんですよ」

彼女の訃報は自衛隊に入隊していた頃、演習中に聞いたという。

「普通、芸能人になって売れたら、もう僕たちのことなんて忘れるでしょ。だけど佳代ちゃんは、名古屋に帰って来るたび気さくに会ってくれるんですよ。『(芸能界なんて)やっとれんわ』なんてボヤきながら、笑わせてくれてたんです。その言葉、本心だったわけですよね。僕は彼女のファンクラブにも入っていました。会員ナンバーは155番。よくコンサートにも行きました。コンサートが終わると、親衛隊の全員に丁寧に声を掛けてくれて、両手で包み込むように握手をしてくれた。だから僕は、この子は絶対に忘れちゃいけないと思って、今も墓参りを続けてるんです」

ほかのお寺の住職をしているJは、過去にも何度か墓を訪れているそうだ。

「初めてステレオを買った時に、彼女のファーストアルバム『シンデレラ』も一緒に買ったんですよ。自殺を知ったのは高校生の頃でした。ショックでまともに食事が摂れなくなって、1週間、パンと牛乳だけで過ごしたんです」

筆者が取材で訪れたことを2人に伝えると、彼らはそう話してくれた。2人は毎日のように有希子の曲を聴いているという。もちろん、全ての曲を持っている。

彼女の曲はもう増えることはない。しかし、彼女は年を取ることもない。有希子は今も18歳のまま。彼らは永遠のアイドルを手に入れたのだ。

違法薬物・強制猥褻・暴行・窃盗……お騒がせ歌手事件簿

歌謡界屈指の作曲家・平尾昌晃だが、もともとはロカビリー歌手。和製ポール・アンカと呼ばれていた。歌謡曲の『星は何でも知っている』でブレイクし、随分後に畑中葉子とのデュエット曲『カナダからの手紙』が大ヒットしている。

そんな平尾は、1965年2月20日、拳銃の不法所持で逮捕された。同月、石原裕次郎も拳銃の不法所持の容疑で自宅を家宅捜索されている（結局、拳銃は発見されていない）。平尾の拳銃所持は、石原が疑われたフランス航空機長の拳銃事件とは関係がなく、独自にハワイから持ち帰ったもの。帰国後に「日頃、興行でお世話になっているから」と、名古屋と東京の暴力団組長にプレゼントしたことで発覚した。平尾は22日間勾留。後に「軽率だった」との反省文が雑誌に掲載された。

1969年2月7日に、自作曲『空に星があるように』『今夜は踊ろう』『いとしのマックス』などのヒットで知られる荒木一郎が、町田署に逮捕された。同月9日には八王子地検に身柄を送検されている。

逮捕の理由は、女子高生A子（17歳）への強制猥褻致傷罪。荒木は「女優としての素質をテストする」と言い、A子を六本木にある事務所に連れ込み、左頸部や左肩などに5日間の打撲傷などを負わせたという。その後A子側は告訴を取り下げ、荒木は不起訴処分となる。本当は何があったのか、真相は闇の中だ。

黒人GIと日本人女性との間に生まれた青山ミチは、13歳でデビューし、その歌声と豊満な姿態で人気者となる。しかし、失踪や男性関係などで仕事をすっぽかす問題児でもあった。そんな彼女は1974年3月、万引の現行犯で逮捕された。友人と共謀し、青山のブティックから指輪やブレスレットなど計12万7千円相当を盗んだのである。彼女は「生活苦のため」と供述したが、月50万円の収入があったという。

さらに1978年10月には、覚せい剤取締法違反でも逮捕されている（1966年11月に続き2度目）。その後、芸能界から消えた。

1976年5月16日、新大阪発ひかり118号のグリーン車内で、乗客のSがジュリーこと沢田研二に「いもジュリー」と発言し口論となる。はずみで沢田の右手の甲がSの口に当たり出血。Sは「殴られた！」と大騒ぎ。その後、Sは「急所も握られた」と証言するも、沢田は否定。Sは「15万円で示談」や「週刊誌に売る」などと言うなど、なかなか狡猾な男性だった。なお沢田は、前年に新幹線の車内で起こした国鉄職員暴行事件で起訴猶予中だったため、書類送検となった。

1980年3月、デビューシングルとなる『ランナウェイ』を前月に発売したばかりだったシャネルズのメンバーが、埼玉県本庄市のホテルで女子高生2人に猥褻行為をし、県少年愛護条例違反の疑いで浦和地検熊谷支部に書類送検された。事件が発覚したのは、当の女子高生2人が吹聴したため。その噂話をバス停留所で聞いた刑事が捜査し、逮捕につながったという。そしてシャネルズはラッツ&スターと改名し、出直すことになった。

その後、シャネルズのメンバーである田代まさしは、のぞき、盗撮、覚せい剤と転落人生を歩み続ける。

1983年11月、山口組が開帳した賭場にいた扇ひろ子を、大分県警別府署は賭博容疑で逮捕。大分地検に書類送検した。事件当時、彼女は38歳。1967年に『新宿ブルース』が大ヒットしたものの人気は低迷しており、その名前は忘れ去られていた頃だ。調べに対し、扇は「私はサイコロを振っただけでお金は賭けていない」と微妙な発言をしていた。釈明会見では「警察から容疑を認めないと逮捕礼状を出すと言われ、仕方なく認めてしまった。お酒を飲んでいたから」と、またもや微妙な発言を繰り返している。

公開テレビ番組『ぎんざNOW！』に出演していたシミケンこと清水健太郎は、同番組内でデビュー曲の『失恋レストラン』を歌うや評判となり、同曲は大ヒットを記録。翌年、レコード大賞新人賞を受賞し『NHK紅白歌合戦』にも出場した。

そんな彼の転落は1983年が最初。まずは大麻取締法違反で起訴猶予。1986年には、大麻取締法違反で再逮捕され懲役1年、執行猶予4年の判決が下る。これで反省すればいいのに、Vシネマに活路を見いだした矢先の1994年、覚せい剤取締法違反で逮捕。1年6カ月の実刑となる。

出所後は皿洗いなどの仕事をしていたが、再びVシネマのヤクザ路線に復帰。しかし2004年、覚せい剤取締法違反で逮捕、2年4カ月の実刑となった。清水はその後も、ひき逃げや覚せい剤などで逮捕されている。

皆川おさむ少年が歌う童謡『黒ネコのタンゴ』は、発売から3カ月で230万枚を突破する大ヒットとなる。皆川は当時、区立小学校に通う6歳児。司会も踊りもこなす天才少年として、テレビでも活躍していた。

21歳になった皆川は、1984年6月に渋谷の簡易裁判所で懲役1年、執行猶予3年の刑を言い渡された。罪状は窃盗。仲間と共謀し、約320万円相当の自動車部品を盗んだのだ。その動機は、装飾改造の専門店を開店するため。一体、幼い頃に稼いだ金はどこに消えたのだろうか。

ショーケンこと萩原健一も、なかなかのトラブルメーカーである。1984年の大麻不法所持に始まり、酒気帯び運転や飲酒運転も起こしている。2004年には、自動車を運転中にバイクとの衝突事故を起こし、業務上過失致傷罪により逮捕。バイクを運転していた青年は、全治2カ月の重傷を負っている。この時、警察は「また違法薬物をやったのではないか」との疑いから車内を調べたが、結果はシロだった。

その1カ月後には、映画『透光の樹』を降板させられた腹いせからか、暴力団の名前をちらつかせ、プロデューサーに出演料の全額支払いを要求。恐喝未遂容疑で逮捕されている。そして2005年6月28日、ショーケンには懲役1年6カ月、執行猶予3年の有罪判決が下された。

1987年12月22日、反逆する10代の救世主や中高生のカリスマと呼ばれていた歌手・尾崎豊が、覚せい剤取締法違反容疑で逮捕された。翌年2月に釈放され、同年6月には仕事に復帰している。

それから4年後の1992年4月25日、東京都足立区にある民家の庭で、半裸のまま朦朧としているところを発見された。一度は家族の元に帰るも容態が急変、病院に搬送されたが死亡した。享年26歳。直接の死因は肺水腫だが、体内には致死量を超える覚せい剤が認められ、暴行の跡もあったことから他殺説も囁かれた。

1988年6月19日、東京都目黒区にあるスーパー・ダイエー碑文谷店で、平田隆夫とセルスターズのボーカル・村部レミが万引の現行犯で逮捕された。村部はビニール製の大きなバッグに調味料、菓子、ウーロン茶、洋酒など、金額にして約2万7千円相当を入れていた。驚くことに、所持金は50万円もあったという。しかも共犯者は母親。村部は1976年にも香川県高松市にあるブティックで洋服を万引していたため、再犯だった。

1989年11月16日、かつてダニー飯田とパラダイス・キングにも在籍していた石川進が、暴力行為の容疑で逮捕された。愛知県岡崎市で開いていた音楽教室とパブの共同経営者に、暴力団数人と共に迫り、アイスピックを突き付けて「経営不振はお前のせい。殺す」と脅したのだ。石川は『おはよう！子どもショー』の司会やテレビアニメ『オバケのQ太郎』の主題歌で知られる、子供たちのアイドルだった。

ジ・アルフィーの坂崎幸之助は、クラシックカメラ、猫、爬虫類、両生類、熱帯魚のマニアとして知られている。そんな彼が1994年1月14日、ワシントン条約で商取引が禁止されているカエルやトカゲを業者に譲渡し、書類送検された。ただし、それらは坂崎の購入時は禁止種ではなく、彼は何も知らずに譲渡したようである。

ジャニーズ事務所所属の豊川誕は、幼少時から養護施設で育てられており両親を知らないため、当初は孤児を前面にして売り出された。数年後、事務所を辞めた豊川はスナックを経営し始める。そして1996年4月、偽造クレジットカード使用の詐欺容疑で逮捕。彼が使用したカードは、六本木のバーで声を掛けてきた人から買ったものだった。これにより懲役2年、執行猶予3年となる。

その後、覚せい剤取締法違反により1998年、2000年と連続逮捕。2003には中華料理店で警官を殴り、4度目の逮捕となる。全盛期に話していた「将来、親がいない子供のために何かしてあげたい」という夢は叶ったのだろうか。

2001年8月24日、人気アイドルグループ・SMAPの稲垣吾郎は、東京都渋谷区の路上で婦人警官に駐車違反切符を切られたが車内から出ずに、逃げ出そうと車を発進させた。その際、警官1人に接触し全治5日間の怪我を負わせている。彼が車から出なかったのは、野次馬に囲まれたため、同乗者（某女性タレント）がいたためと噂されていた。なお、民放各局は事件の報道時、「稲垣容疑者」ではなく「稲垣メンバー」と呼んでいた。

人気ロックバンド、ヒステリック・ブルーのナオキこと赤松直樹は、2004年3月4日に強制猥褻と建造物侵入の容疑で逮捕された。赤松は、同バンドが活動を休止していた2003年11月から翌年2月頃に掛けて、女子高生ら9人に猥褻行為を働いていた。暴行時、カメラ付き携帯電話でその様子を撮影、後に「口外されたくなければ出てこい」などと脅して、再度暴行に及ぶこともあったという。そして2006年1月、赤松には懲役12年の実刑判決が下された。

ドリームズ・カム・トゥルーに在籍していた西川隆宏は、2006年2月26日、覚せい剤取締法違反の容疑で現行犯逮捕された。東京都新宿区内の路上に停めていた車の中に、微量の覚せい剤を隠していたのである。西川は、2002年にも同容疑で執行猶予付きの有罪判決を受けていた。なお、彼は1996年に、道路を横断中の女性を車ではねている。その後もCDを巡るトラブルから、義姉を路上に突き倒すという暴行事件を起こしていた。

以前はEE JUMPのメンバーとして芸能活動も行っていたユウキが、2007年10月20日、窃盗と建造物侵入の容疑で逮捕された。彼は同年7月15日、ほかの少年2人と共謀し、江戸川区にある都営住宅の工事現場から銅製の金属ケーブル80束を転売するために盗難。デビュー時には後藤真希の実弟として話題になった彼だが、仕事をドタキャンしたり未成年での飲酒が発覚するなどして、芸能界を引退していた。

このほかにも、違法薬物で逮捕された歌手は多数存在する。特に1970年代の後半には、芸能界の薬物汚染が問題化した。戦後最大の芸能人薬物汚染事件が起きたのは、1977年のことだ。

桑名正博、井上陽水、上田正樹、内田祐也、内藤やす子、にしきのあきら、研ナオコ、長渕剛、美川憲一、ジョー山中らが逮捕されたのである。彼らの容疑は大半が大麻所持だが、中にはコカイン所持の人もいた。なお、この大量逮捕は単なる始まりにすぎず、以降も逮捕者は続出する。

1979年、フォーリーブスの北公次が覚せい剤で逮捕。翌年にはカルメン・マキが、米軍横田基地ルートで入手した大麻、ヘロイン、覚せい剤という違法薬物3冠王の所持で逮捕された。1984年には、美川憲一がまたもや大麻所持で逮捕。今や芸能界のご意見番、美川もこの有り様なのである。

1990年代に入ると、まずは1992年にゴダイゴのミッキー吉野が覚せい剤で逮捕。1999年には、フォーリーブスの江木俊夫が覚せい剤と大麻で逮捕されている。同年、槇原敬之も覚せい剤で逮捕。しかも、槇原と一緒に恋人と見られる男性も逮捕され、ダブルスキャンダルとなった。

2000年代に入ってからも、2003年に横浜銀蝿の翔が覚せい剤で逮捕されている。そして2007年には、元・光GENJIの赤坂晃も覚せい剤の所持で現行犯逮捕され、ジャニーズ事務所を解雇となった。

以降もASKAやピエール瀧など、違法薬物で逮捕されるミュージシャンは後を絶たない。彼らは「違法薬物を使用すれば、いい曲が書けたり、いい演奏ができたりする」とでも考えているのだろうか。

違法薬物での逮捕は、使用した人はもちろん曲までもが非難の対象となる。そして時には、曲が封印されてしまう。また、事件後にテレビ、特にＮＨＫに出演するにはかなりの期間を必要とする。

美川憲一は『ＮＨＫ紅白歌合戦』の常連と思われているが、2度の逮捕の影響から16年も落選し続けていた。ようやく再出場を果たしたのは1991年のことだ。「芸能人に対する社会的制裁は甘い」と言う人もいるが、美川の例を見る限りでは、犯罪の代償は決して小さくない。

第4章

洋楽

少年の成長を描いた曲なのか
違法薬物を暗に示した曲なのか

『PUFF, THE MAGIC DRAGON』PETER, PAUL AND MARY
発売日：1963年2月／作詞・作曲：レニー・リプトン、ピーター・ヤロー

海辺に棲んでいる不死の竜・パフと人間の少年の交流、そして別れを描いたピーター・ポール＆マリーの大ヒット曲。当時の彼らはベトナム反戦を訴えて活動していた。やはり本作も、少年がやがて竜の前に姿を現さなくなるのはベトナム戦争への出征が原因と推測できるため、反戦歌としても知られている。

日本では、小学校や中学校の音楽教科書に掲載されたこともあるこの曲。問題視されるような描写は特にないように思えるが、発売と同年、歌詞に大麻の隠喩が含まれているとしてシンガポールでは放送禁止になった。

大麻との関連が指摘された箇所は、「(タバコや大麻などを)吸う」という意味の

「DRAGGIN'」を連想させる「DRAGON」のほか、タバコや大麻を巻く際に使用する薄紙「ROLLING PAPER」を指しているとも解釈できる、竜と交流する人間の少年の名前「JACKIE PAPER」である。これらの指摘はあくまでも噂にすぎないものながら、当時発行された週刊誌『Newsweek』に掲載されるなど、アメリカでも多くの議論が交わされることになった。

なお、作詞者のピーター・ヤローは「少年の成長を描いた歌詞であり、大麻との関連は曲解である」と何度も否定している。

収録アルバム『MOVING』（WARNER BROS. RECORDS）

ピーター・ポール＆マリー
1961年、アメリカで結成された人気フォークグループ。セルフタイトルのデビューアルバムは、200万枚以上を売り上げる大ヒットを記録。1970年に一度は解散したものの、後に再結成して多数のライブを行っている。2009年、メンバーのマリー・トラバースが白血病により死去。

収録曲を掲載してバスタブの横にある便器を隠した！

『IF YOU CAN BELIEVE YOUR EYES AND EARS』THE MAMAS AND THE PAPAS
発売日：1966年2月28日

セカンドシングルである『CALIFORNIA DREAMIN'（邦題＝夢のカリフォルニア）』のヒットにより、一躍有名になったママス＆パパス。1965年に発売された同曲だが、ウォン・カーウァイが監督した1994年公開の映画『恋する惑星』や、堂本剛が主演を務めた2002年放送のテレビドラマ『夢のカリフォルニア』（TBS）などで挿入曲として使用されたため、おそらく当時を知らない方でも聴き覚えがあるだろう。

『CALIFORNIA DREAMIN'』のほか、サードシングル『MONDAY, MONDAY』など全12曲を収録したアルバム『IF YOU CAN BELIEVE

YOUR EYES AND EARS』は、全米チャート1位の大ヒットを記録。同アルバムのジャケットには、バスタブに収まるメンバーの写真が使用された。

しかし、そのバスタブの横に便器が写っていたことから「下品だ」との意見が殺到。やがて販売を拒否する店舗も現れてしまう。そのためセカンドプレス以降は、収録曲を便器の上に重ねて掲載したり写真を大幅にトリミングすることで、問題の便器は完全に消されてしまった。

なお、1998年に発売されたアメリカ版CDのほか、2013年に発売された紙ジャケット仕様の日本版CDでは、めでたいことに便器が復活している。

『IF YOU CAN BELIEVE YOUR EYES AND EARS』（DUNHILL）

ママス&パパス
1965年に結成されたアメリカのフォークロックグループ。メンバーは全4人、そのうちの3人はすでに死去している。1998年にロックの殿堂入りを果たした。

発売日の数日前に差し替えられた悪趣味なジャケット写真

『YESTERDAY AND TODAY』THE BEATLES
発売日：1966年6月20日

ザ・ビートルズは、世界で最も成功したロックバンドと言われている。すでに解散から約50年が過ぎているものの、いまだに世界各国でコンピレーションアルバムが発売されていることからも、彼らの人気の高さは分かるだろう。

1962年10月のデビュー以降、世界各国の音楽チャートで1位を連発していた彼らは、1966年6月に全11曲入りのコンピレーションアルバム『YESTERDAY AND TODAY』をアメリカで発売した。そのジャケットには、旅行用トランクの周辺でポーズを取るメンバーの写真が採用されている。ただしこの写真、発売日の直前に差し替えられたものだった。

差し替え前の写真は、白衣（肉屋の作業着）を着て笑うメンバーが、頭部を外した赤ん坊の人形と生肉を抱えている非常に悪趣味なものだ。すでに印刷を終えて出荷されていたが、販売店などから苦情が殺到したため回収。急遽、旅行用トランクの写真に差し替えられたのである。

しかし一部の販売店からは回収されず、極めて少量ながら差し替え前のものが流通してしまう。それは「肉屋の従業員」を意味する英単語「BUTCHER」から、俗にブッチャーカバーと呼ばれている。同アルバムは当時、希少性から高値で取引されていた。

また、販売元のキャピトル・レコードが抱えていた出荷前のブッチャーカバーは、その上に写真を差し替えた新ジャケットを貼り付けて出荷されている。これは湯気で湿らせれば、新ジャケットを剥がすことが可能だ。そのため「剥がす」を意味する英単語「PEEL」から、俗にピールドカバーと呼ばれている。こちらも当時、ブッチャーカバーほどではないものの高値

『YESTERDAY AND TODAY』（CAPITOL）

で取引されていた。

ちなみにブッチャーカバーやピールドカバーは、現在でもオークションサイトなどに頻繁に出品されている。それらの価格は保存状態により異なるが、中には20万円以上の高値で取引されているものも……。

なお、ザ・ビートルズ解散後の1980年3月、アメリカでコンピレーションアルバム『RARITIES』（同名のイギリス盤は内容が異なる）が発売された。そのジャケット写真は当たり障りのないものだが、内側にはブッチャーカバーと同じ写真が掲載されている。

ザ・ビートルズ
1960年、イギリスのリヴァプールで結成されたロックバンド。1962年にデビューシングル『LOVE ME DO』を発売するや、全英チャート17位、全米チャート1位を記録している。その後もヒット曲を連発。これまでに発売されたシングルとアルバムの総売り上げ枚数は、全世界で10億枚以上とも言われている。1966年には初来日し、厳戒態勢の中、日本武道館で公演を行った。1970年に解散。

性的な歌詞が問題となりテレビ出演の際に歌詞を変更

『LET'S SPEND THE NIGHT TOGETHER』THE ROLLING STONES
発売日：1967年1月／作詞・作曲：ジャガー＝リチャーズ

ロック界の超大御所、ザ・ローリング・ストーンズ。デビューから半世紀以上が過ぎた現在も活動を継続しており、これまでに発売したシングルの総数は120枚以上にも上る。そんな彼らの代表曲とも言えるのが、25枚目のシングル『LET'S SPEND THE NIGHT TOGETHER（邦題＝夜をぶっとばせ）』だ。

デヴィッド・ボウイやティナ・ターナーなどもカバーしている同曲は、全英チャートでは3位を記録したものの全米チャートでは55位に沈んでしまう。性的な歌詞を含むとして、アメリカの多数のラジオ局が放送を控えたためだ。その結果『LET'S SPEND THE NIGHT TOGETHER』の代わりに、カップリング曲である『ＲＵＢＹ ＴＵＥＳＤＡＹ』ばかりが放送されている。

『ＬＥＴ'Ｓ ＳＰＥＮＤ ＴＨＥ ＮＩＧＨＴ ＴＯＧＥＴＨＥＲ』の歌詞を性的と問題視したのは、テレビ局も同様だ。しかし、その対応はラジオ局とは異なっている。

同曲の発売に合わせて、ザ・ローリング・ストーンズは人気テレビ番組『エド・サリヴァン・ショー』（ＣＢＳ）に出演、楽曲を披露した。しかし「ＬＥＴ'Ｓ ＳＰＥＮＤ ＴＨＥ ＮＩＧＨＴ ＴＯＧＥＴＨＥＲ（一緒に夜を過ごそう）」から「ＬＥＴ'Ｓ ＳＰＥＮＤ ＳＯＭＥ ＴＩＭＥ ＴＯＧＥＴＨＥＲ（しばらく一緒に過ごそう）」に歌詞を変更している。番組側に要求されたためだ。なお、演奏が該当箇所に差し掛かった時、ボーカル担当のミック・ジャガーは歌いながら目を回転させて、抗議の意志を表現した。

『ＬＥＴ'Ｓ ＳＰＥＮＤ ＴＨＥ ＮＩＧＨＴ ＴＯＧＥＴＨＥＲ』の歌詞が問題視されたのは、アメリ

『ＬＥＴ'Ｓ ＳＰＥＮＤ ＴＨＥ ＮＩＧＨＴ ＴＯＧＥＴＨＥＲ』（ＬＯＮＤＯＮ ＲＥＣＯＲＤＳ）

カだけではない。中国も同様だ。2006年、ザ・ローリング・ストーンズは初めての中国公演を行っている。その際、当局は同曲の演奏を禁止した。やはり中国でも性的な歌詞と判断されたのだ。

なお、同曲発売の翌年、ザ・ローリング・ストーンズはアルバム『BEGGARS BANQUET』を発売。ジャケットにはバンド名とアルバム名、そして「お返事ください」を意味する「R.S.V.P.」とだけ書かれている。

この招待状を真似たジャケットは、メンバーの意図するものではなかった。彼らは落書きだらけのトイレの写真を、ジャケットに使用するつもりだったのだ。しかしその案はレコード会社に却下されてしまう。メンバーの希望通りトイレの写真が採用されたのは、約16年後、1984年の再販時である。

ザ・ローリング・ストーンズ
1962年に結成されたイギリスのロックバンド。結成の翌年にデビューシングル『COME ON』を発売。幾度かメンバーの変更はあったものの解散することはなく、50年以上にわたり第一線で活躍し続けている。1989年にはロックの殿堂入りを果たした。

曲名は違法薬物の隠喩か真相は不明のまま放送禁止に

『LUCY IN THE SKY WITH DIAMONDS』THE BEATLES
発売日：1967年6月1日／作詞・作曲：レノン＝マッカートニー

1967年6月1日、ザ・ビートルズはアルバム『SGT. PEPPER'S LONELY HEARTS CLUB BAND』を発売。同アルバムの3曲目に収録されているのが『LUCY IN THE SKY WITH DIAMONDS』だ。ジョン・レノンとポール・マッカートニーが共同で作詞・作曲した同曲は、アルバムの発売後、多くの議論を呼ぶことになる。曲名にある「LUCY」「SKY」「DIAMONDS」の頭文字を抜き出すと「LSD」になるためだ。ジョンはこの説を否定したものの、イギリスの公共放送局・BBCでは放送禁止になってしまう。ただしポールは、2004年に受けたインタビューの中で、同曲について「LSD

に関して歌った曲だ」と発言している。ジョンとポール、一体どちらの発言が正しいのかは不明のままだ。

なお『SGT. PEPPER'S LONELY HEARTS CLUB BAND』の収録曲で問題視されたのは、この1曲だけではない。アルバムの最後に収録されている『A DAY IN THE LIFE』（作詞・作曲：レノン＝マッカートニー）も、BBCでは放送禁止になっている。「I'D LOVE TO TURN YOU ON（俺はお前を興奮させたい）」という歌詞が違法薬物を連想させるためだ。

ちなみに『A DAY IN THE LIFE』は、雑誌『ローリング・ストーン』（アメリカ版）にて「最も偉大なザ・ビートルズの曲」に選ばれている。

収録アルバム『SGT. PEPPER'S LONELY HEARTS CLUB BAND』（PARLOPHONE）

世界各国で議論が交わされた無修正の全裸写真

『UNFINISHED MUSIC NO.1：TWO VIRGINS』JOHN LENNON AND YOKO ONO
発売日：1968年11月11日

『UNFINISHED MUSIC NO.1：TWO VIRGINS（邦題＝「未完成」作品第一番 トゥー・ヴァージンズ）』は、ジョン・レノンとオノ・ヨーコによる合作アルバムだ。当時のジョンには妻が、ヨーコには夫がいたものの、ジョンは妻の不在時にヨーコを自宅に招き入れて、本作を一晩で制作した。なお、本作の発売日をわずか3日後に控えた1968年11月8日、ジョンの離婚が成立。ヨーコの離婚が成立するのを待って、翌年に彼らは結婚した。

本作のジャケット写真には、セルフタイマーを使用して撮影したジョンとヨーコの全裸写真が採用されている。その写真は修正されておらず、陰茎や陰毛も丸見え。当然ながら大きな物議を醸してしまう。

アメリカでは、アップル・レコード（ザ・ビートルズが設立したレコード・レーベル）の作品を常に販売していたキャピトル・レコードが、本作の販売を拒否。結局テトラグラマトン・レコードが販売を担当したが、問題の写真を隠すため茶色の外袋に入れて販売している。

日本では長らく未発売だった本作。1997年になりようやく発売された。もちろん、ジョンとヨーコの写真は無修正のままだ。

『UNFINISHED MUSIC NO. 1：TWO VIRGINS』（APPLE RECORDS）

ジョン・レノン

1940年、イギリス生まれの音楽家。ザ・ビートルズ解散後の1971年には、名曲『IMAGINE』を発表。1980年12月8日、自宅（ダコタ・ハウス）前でマーク・チャップマンが発射した銃弾に撃たれ、搬送先の病院で死去した。享年40歳。

オノ・ヨーコ

1933年、日本生まれの芸術家であり音楽家。2度の離婚を経て、1969年にジョン・レノンと結婚した。現在はアメリカのニューヨークを拠点に、平和運動家としても活動中。

差し替えられた少女の裸体写真
彼女が持つ宇宙船は男性器の象徴？

『BLIND FAITH』BLIND FAITH
発売日：1969年8月

エリック・クラプトン、スティーヴ・ウィンウッド、ジンジャー・ベイカーなどの超有名ミュージシャンが結集したバンド、ブラインド・フェイス。1969年の結成と同年、ロンドンで開催された無料のデビューライブでは、いきなり10万人以上の観客を集めている。

活動期間はわずか半年ほどだったが、その間に彼らは唯一のアルバム『BLIND FAITH（邦題＝スーパー・ジャイアンツ）』を発表。ジャケット写真には、銀色の宇宙船を持った少女の裸体写真が採用されている。

当然ながらこの写真は、多数の議論が交わされる原因になった。少女が全裸なのはもちろんだが、彼女が持っている宇宙船が男性器の象徴と見なされたことも、議論をさらに過熱させる結果を招いてしまう。やがてメンバーが彼女を奴隷化して囲っているという、根も葉もない噂話まで流れている。思春期の少女が全裸で男性器を持つイメージは、あまりにも衝撃的だったのだ。

この写真を問題視したアメリカやフランスなど一部の国では、即座にジャケット写真を変更。差し替え後のジャケットには、少女の裸体ではなくメンバーの写真が採用された。少女の裸体に対する規制は、今も昔も厳しいのである。

『BLIND FAITH』(POLYDOR)

ブラインド・フェイス
1969年に結成、解散したイギリスのロックバンド。有名バンド出身の実力者たちが集ったスーパーグループ。1969年に唯一のアルバム『BLIND FAITH』を発表した。同作は、全英と全米チャートの双方で1位を記録している。

乳児を殺す怪物とローマ教皇を描き複数の販売店が入荷を拒否

『OPERATION』BIRTH CONTROL
発売日：1971年

ドアーズの代表曲『LIGHT MY FIRE（邦題＝ハートに火をつけて）』のカバーを収録しているアルバム『BIRTH CONTROL』で、1970年にデビューしたバース・コントロール。彼らのアルバムには挑発的なジャケットが多数あるのだが、それらの中でも最も物議を醸したのは、1971年に発売された『OPERATION』だろう。

同作のジャケットでは、乳児を捕食するバッタに似た巨大な昆虫が、当時のローマ教皇であるパウロ6世と共に描かれている。このパウロ6世は、1968年に避妊反対の回勅（組織・信仰・教義に関する通達）を全司教に出して議論を呼んだ。そのパウロ6世と乳児を殺す怪物を一緒に描いたイラストを、日本語で「避妊」を意味するバース・コントロールが自身のアルバムで使用するのは、やはり不謹慎と受け取られても仕方ないだろう。

そして結局、問題のイラストはイギリス盤では不採用となった。複数の販売店から苦情が届いたためである。代わりに採用されたのは、たくさんの水を入れたコンドームの中で泳ぐ、まるで精子のようにも見えるウナギ（？）の写真だ。教会の教えに反して、あくまでも避妊具の使用に賛成するということか。転んでもただでは起きないバンドである。

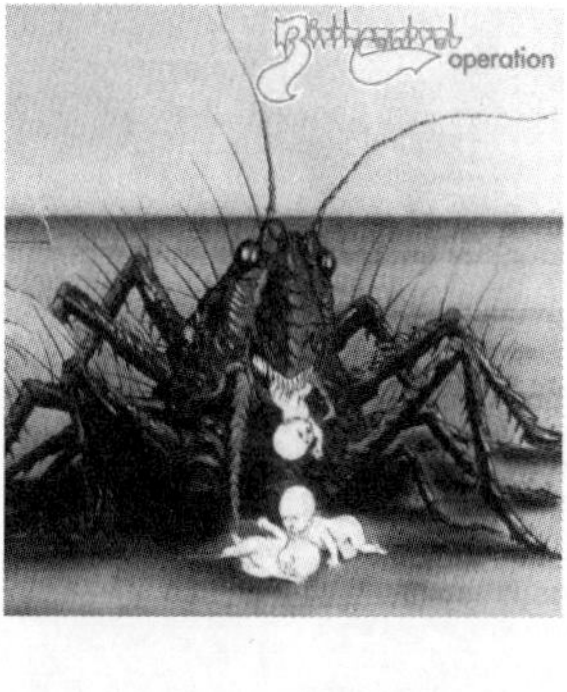

『OPERATION』（OHR）

バース・コントロール
1968年に結成。ハード・ロックやプログレッシヴ・ロックなど、幅広いサウンドを特徴とするドイツのロックバンド。幾度もメンバーを変更しており、これまでに総勢23名が参加している。2014年、中心メンバーであるベルンド・ノスケの死に伴って解散した。

陰茎に似せた親指を露出
結局写真を修正するはめに……

『LOVE IT TO DEATH』ALICE COOPER
発売日：1971年3月9日

1969年に『PRETTIES FOR YOU』、その翌年には『EASY ACTION』を発表したアリス・クーパーだが、それら2枚のアルバムはヒットすることなく終わった。しかしメジャー移籍が実現し、1971年に移籍後第1弾アルバム『LOVE IT TO DEATH』を発表。同作からシングルカットされた『I'M EIGHTEEN』は、各国でチャートインするヒットとなる。

一躍有名になるも、残念ながら『LOVE IT TO DEATH』に問題が起きてしまう。ジャケットに写っているヴィンセント・ファーニア（ボーカル）の右手親指が、陰茎を露出しているように見えるとの声が上がったのだ。その結果、写真は修正されることになり、彼の右手はジャケットから消えてしまった。長らく消えたままだった彼の右手だが、２０１１年発売の日本盤などでは見事に復活している。

とはいえ、蛇を首に巻く、客席に鶏やドル紙幣を投げ込む、絞首台で首を吊るなど、奇抜なステージパフォーマンスで知られるアリス・クーパーだけに、この程度の修正など全く気にしていないだろう。

なお『ＬＯＶＥ ＩＴ ＴＯ ＤＥＡＴＨ』発売の翌年に、アリス・クーパーはアルバム『ＳＣＨＯＯＬ'Ｓ ＯＵＴ』を発表。同作はレコードが紙製の女性下着に包まれているという、やはり奇抜なものだった。

『ＬＯＶＥ ＩＴ ＴＯ ＤＥＡＴＨ』
（ＷＡＲＮＥＲ ＢＲＯＳ. ＲＥＣＯＲＤＳ）

アリス・クーパー
アメリカのロックバンド。リーダーのヴィンセント・ファーニア（ボーカル）もアリス・クーパーを名乗る（現在は戸籍もアリス・クーパーに変更）。彼は１９７４年のバンド解散後、ソロミュージシャンとして活動を続け、２０１１年にはロックの殿堂入りを果たした。

男性の下着を覗ける特殊仕様は芸術なのか猥褻なのか

『STICKY FINGERS』THE ROLLING STONES
発売日：1971年4月23日

デッカ・レコードとの契約を解除したザ・ローリング・ストーンズは、自身のレーベル、ローリング・ストーンズ・レコードを設立。レーベルのシンボルには、以降の彼らを象徴するベロマークが採用された。同レーベルの初作品が、全米と全英の双方でチャート1位を記録したアルバム『STICKY FINGERS』である。

ポップアートの第一人者、アンディ・ウォーホルが制作した同作のジャケットは、本物のジッパーが付いている特殊なものだ。そのジッパーを下ろすと、陰茎の輪郭が強調されたブリーフの写真を覗き見ることが可能。非常に凝った作りだが、やはり猥褻性が議論されることになった。その結果、スペイン盤では女性の指が大量の血液に漬かった缶詰のイラストに差し替えられている。

スペイン盤ではジャケットのほか、収録曲も変更された。モルヒネ中毒者に関する歌詞が問題になり、1969年にマリアンヌ・フェイスフルも歌った『SISTER MORPHINE』が削除されたのだ。削除された同曲の代わりには、1960年に発売されたチャック・ベリーの名曲『LET IT ROCK』のカバー（ライブバージョン）を収録することで対応している。

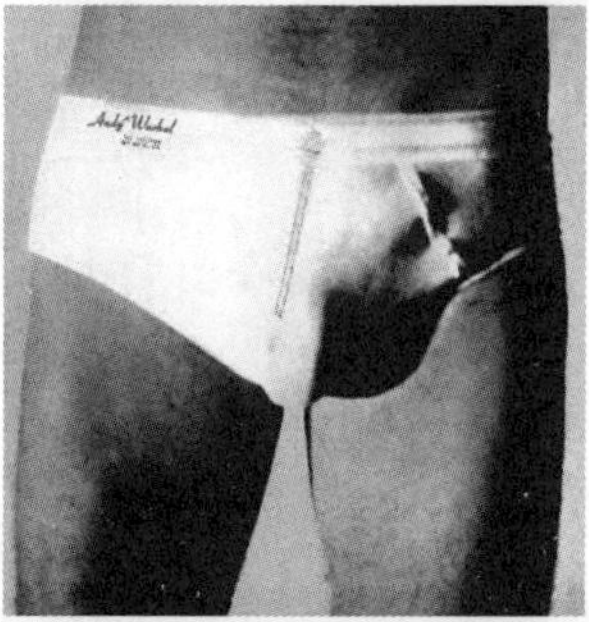

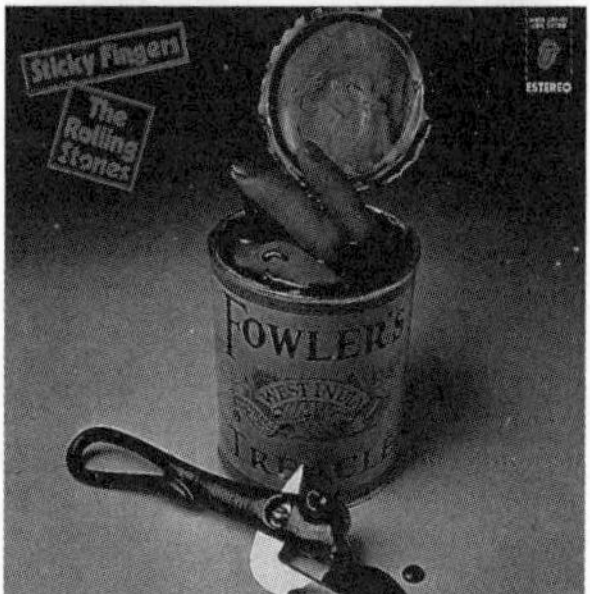

『STICKY FINGERS』（ROLLING STONES RECORDS）
写真上：オリジナル盤／写真中：オリジナル盤（内側）／写真下：スペイン盤

湾岸戦争時に問題視された反戦歌は同時多発テロ事件時にも放送禁止

『IMAGINE』JOHN LENNON
発売日：1971年9月9日／作詞・作曲：ジョン・レノン

1960年代の末頃、ザ・ビートルズはすでに崩壊状態にあった。1970年になると、ポール・マッカートニーが同バンドからの脱退を表明。同年末に彼は、アップル・レコードの共同経営関係の解消、さらにザ・ビートルズの解散を求めてロンドン高等裁判所に提訴した。翌年にポールの訴えは認められ、ザ・ビートルズの解散が正式に決定する。

その数カ月後、ジョン・レノンはソロアルバムである『IMAGINE』の制作を開始。1971年9月9日に発売された同作は、イギリスやアメリカ、そして日本などのチャートで1位を記録した。このアルバムからシングルカットされたのが、タイトル曲である『IMAGINE』だ。

同曲には、人類の平和に対するジョンの願いが込められている。しかしその反戦的な歌詞から、1991年1月17日、アメリカやイギリスなど34カ国からなる多国籍軍がイラクを空爆し湾岸戦争が勃発すると、イギリスの公共放送局・BBCは同曲の放送を禁止した。厭戦思想を助長すると判断されたのだ。

それから20年以上が経過した2001年9月11日、アメリカでは同時多発テロ事件が発生。開戦の準備が進められる中、アメリカで最大のラジオネットワーク、クリア・チャンネル・コミュニケーションズは、放送を自粛する曲のリストを作成した。リストアップされた全165曲の中には『IMAGINE』も含まれている。湾岸戦争の際に続き、またもやこの曲は厭戦思想を助長すると判断されたのである。

『IMAGINE』と同年、ベトナム戦争の最中に発売されたクリーデンス・クリアウォーター・リ

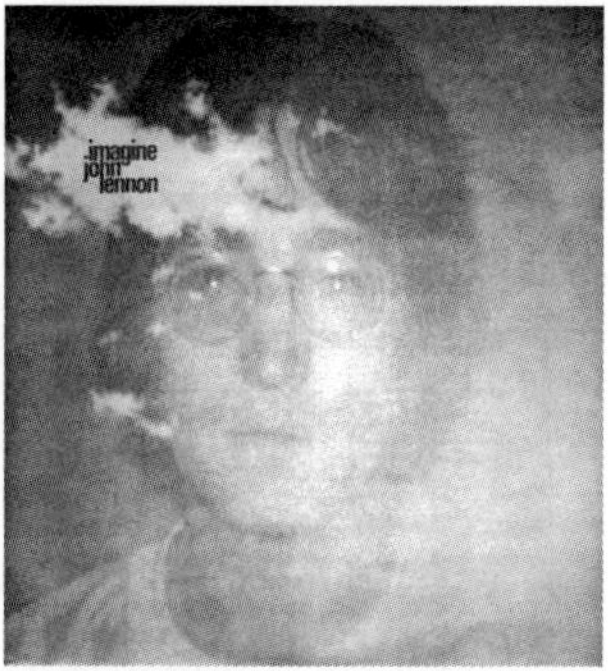

収録アルバム『IMAGINE』（APPLE RECORDS）

バイバルの『HAVE YOU EVER SEEN THE RAIN?（邦題＝雨を見たかい）』も、当時やはり物議を醸した。曲名にもある「RAIN」が、ベトナム戦争でアメリカ軍が使用したナパーム弾の暗喩と曲解されたためだ。戦時下において曲が問題視されるのは、特に珍しいことではないのである。

なお、同時多発テロ事件の翌年、ザ・ビートルズの出身地、リヴァプールにあるスピーク空港は、その名称をリヴァプール・ジョン・レノン空港に変更した。同空港のロゴには『IMAGINE』の一節「ABOVE US ONLY SKY（私たちの頭上には空があるだけ）」が引用されている。

北アイルランド問題に曲を通じて抗議の意志を表名

『GIVE IRELAND BACK TO THE IRISH』WINGS
発売日：1972年2月25日／作詞・作曲：ポール＆リンダ・マッカートニー

1970年、ザ・ビートルズからの脱退を表明したポール・マッカートニーは、初のソロアルバム『McCARTNEY』を発表。翌年、妻・リンダとの共作アルバム『RAM』を発表後、ポールは新バンド・ウイングスを結成した。同バンド初のシングルが『GIVE IRELAND BACK TO THE IRISH（邦題＝アイルランドに平和を）』である。

同曲が発売される約1カ月前、1972年1月30日、北アイルランドのロンドンデリーでは、俗に血の日曜日事件と呼ばれる凄惨な事件が起きていた。デモ行進中の市民14名が、イギリス軍に銃撃され死亡したのだ。

以前、アイルランド島の全域はイギリスの支配下にあった。その大部分は1937年に独立、アイルランド共和国が成立したが、アイルランド島の北東部に位置する北アイルランドだけは、以降もイギリスに属している。そのため、1960年代末には独立などを巡る紛争が激化した。銃撃された市民は、アイルランドとイギリスの間にある歴史問題の犠牲になったのだ。

『GIVE IRELAND BACK TO THE IRISH』は、この血の日曜日事件を受けて制作された曲である。だが「GIVE IRELAND BACK TO THE IRISH/DON'T MAKE THEM HAVE TO TAKE IT AWAY（アイルランドをアイルランド人に返せ アイルランドを彼らから奪うな）」という歌詞は、すぐに議論を呼ぶことになってしまう。その結果、イギリスの公共放送局・BBCのほか、ルクセンブルク大公国のラジオ局、ラジオ・ルクセンブルクなどでは放送を禁止された。ポールがこの曲に込めたイギリスに対する抗議のメッセージは、あまりにも政治的だったのだ。

放送禁止の影響もあり、イギリスのチャートでは16位に沈んだ同曲。一方、アイルランドのチャートでは見事に1位を記録している。

『GIVE IRELAND BACK TO THE IRISH』の発売と同年、ウイングスはシングル『HI, HI, HI』（作詞・作曲：ポール&リンダ・マッカートニー）を発売した。だが、同曲も歌詞が問題になり、やはりBBCでは放送禁止となる。「WE'RE GONNA GET HI, HI, HI（俺たちはだんだんハイになる）」が違法薬物を連想させるほか、「GET YOU READY FOR MY BODY GUN（俺の体に付いている銃を受け入れてくれ）」という性描写も含むためだ。

ただ、同曲が猥褻と判断される原因にもなった「BODY GUN」は、実際には「POLYGON（多角形）」と歌われていた。BBCには異なる歌詞が伝えられていたのだ。とはいえ『HI, HI, HI』は、その後も露骨な性描写が続く。たとえ正確な歌詞が伝えられていても、BBCは猥褻と判断しただろう。

ウイングス
1971年、ザ・ビートルズの解散後にポール・マッカートニーが結成したロックバンド。彼の妻であるリンダ・マッカートニーもメンバーに名を連ねる。結成と同年にデビューアルバム『WILD LIFE』を発売。ポール・マッカートニー&ウイングス名義でも作品を発表している。全7枚のスタジオアルバムを発表後、1981年に解散した。

女性差別を非難する曲が黒人差別を助長するため放送禁止

『WOMAN IS THE NIGGER OF THE WORLD』JOHN LENNON/PLASTIC ONO BAND
発売日：1972年4月24日／作詞・作曲：ジョン・レノン、オノ・ヨーコ

1972年、アメリカやフランスなど一部の国で『WOMAN IS THE NIGGER OF THE WORLD（邦題＝女は世界の奴隷か！）』が発売された。同曲はジョン・レノンとオノ・ヨーコが共作したアルバム『SOME TIME IN NEW YORK CITY』からの先行シングルである。

1960年代の後半から1970年代にかけて、アメリカをはじめとする先進国では、女性の自由と自立を目指した女性解放運動（ウーマンリブ）が盛んだった。それは女性の社会進出や、制度的な差別を撤廃する切っ掛けになっている。

『WOMAN IS THE NIGGER OF THE WORLD』は、言うまでも

なく女性の解放を訴えた曲だ。しかし、曲名や歌詞に黒人の蔑称「NIGGER」が使用されていることから、大きな論争を巻き起こすことになる。その結果、アメリカの多数のラジオ局は同曲の放送を禁止した。男性に従属している女性の現状を黒人の蔑称で表現するのは、あまりにも攻撃的すぎたのだ。

『SOME TIME IN NEW YORK CITY』には、ポール・マッカートニーが結成したバンド、ウイングスの『GIVE IRELAND BACK TO THE IRISH』と同様、血の日曜日事件について歌った『SUNDAY BLOODY SUNDAY』も収録されている。当時、ジョン・レノンとポール・マッカートニーは不仲にあり、お互いの曲を非難することも珍しくはなかったが、彼らが目指している方向は同じだったのだ。

プラスティック・オノ・バンド
1969年、ジョン・レノンとオノ・ヨーコが結成したバンド。メンバーは流動的で作品ごとに異なる。これまでにリンゴ・スター、ジョージ・ハリスン、エリック・クラプトン、小山田圭吾、ジョンとヨーコの間に生まれたジョーン・レノンなどが参加。

連邦通信委員会が規制したコロラド州の大自然を歌った曲

『ROCKY MOUNTAIN HIGH』JOHN DENVER
発売日：1972年10月30日／作詞・作曲：ジョン・デンバー、マイク・テイラー

1972年、アメリカ政府の独立機関である連邦通信委員会は、違法薬物の乱用を促すと考えられる曲の規制を決定。同年10月、ジョン・デンバーが発表したアルバム『ROCKY MOUNTAIN HIGH』のタイトル曲も、残念ながら規制の対象となってしまう。曲名や歌詞に含まれる「HIGH」が、違法薬物の使用による高揚感を指していると受け取られたためだ。それを受けて、アメリカの多数のラジオ局は同曲の放送を禁止した。

『ROCKY MOUNTAIN HIGH』は、ジョン・デンバーが自身の体験などを元に制作した曲である。ロッキー山脈の最高峰、エルバート山を擁するコロラド

州に住んでいる彼は、同州で見たペルセウス座流星群に感銘を受けて、その様子を歌詞に綴った。それは1985年、曲の規制に関する上院公聴会に出席した際、彼自身の口からも語られている。違法薬物と同曲の関連は、ただの曲解にすぎないのだ。

1997年10月、飛行機の墜落事故で亡くなったジョン・デンバーは火葬され、遺灰は彼が愛したロッキー山脈に散灰された。彼の死の約10年後、コロラド州議会は『ROCKY MOUNTAIN HIGH』を州歌に認定。かつて連邦通信委員会に放送を禁止された曲は、現在コロラド州民の愛唱歌となっている。

収録アルバム『ROCKY MOUNTAIN HIGH』（RCA VICTOR）

ジョン・デンバー
1943年、アメリカで生まれたシンガーソングライター。最大のヒット曲は、1971年発売の『TAKE ME HOME, COUNTRY ROADS（邦題＝カントリー・ロード 故郷へ帰りたい）』。オリビア・ニュートン・ジョンによる同曲のカバーは、スタジオジブリ制作のアニメ映画『耳をすませば』の主題歌に採用されている。1997年10月、自身が操縦する小型飛行機が海上に墜落して死去。享年53歳。

規制の対象になるのは人間の性器も犬の性器も同様？

『DIAMOND DOGS』DAVID BOWIE
発売日：1974年5月24日

カバーアルバム『PIN UPS』の制作を終えたデヴィッド・ボウイは、ジョージ・オーウェルのディストピア小説『1984年』の演劇化に向けて動き出した。しかし原作の使用許可を得ることができず、演劇化の企画は頓挫してしまう。そこでボウイは、そのコンセプトを引き継いだアルバム『DIAMOND DOGS（邦題＝ダイアモンドの犬）』を制作。

1974年に発売された同作は、『ジャンキー』や『裸のランチ』などで知られる作家、ウィリアム・S・バロウズが多用したカットアップ（書き上げた文章をバラバラに分割して並べ替える技法）も利用して歌詞を制作するなど、非常に実験的なアルバムだ。ジャケットに採用されているイラストも、ボウイの上半身に犬の下半身を組み合わせた、アルバムの内容に見合う実験的で目を引くものだった。

しかし、このジャケットイラストは原画とは一部が異なる。ジャケットの裏面にある犬の性器が、黒く塗り潰されているのだ。人間の性器だけではなく、犬の性器まで規制の対象になるとは……。

その後『ＤＩＡＭＯＮＤ ＤＯＧＳ』は何度も再発売されたが、犬の性器に一度重ねられた黒塗りは長らく外れなかった。未修正のイラストが日の目を見たのは、１９９０年発売のアメリカ盤が最初である。

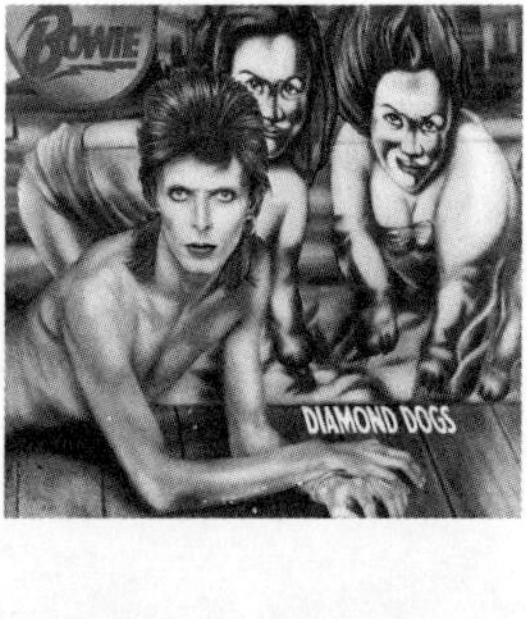

『ＤＩＡＭＯＮＤ ＤＯＧＳ』（ＲＣＡ ＶＩＣＴＯＲ）

デヴィッド・ボウイ
１９４７年、イギリスで生まれた音楽家、俳優。１９６４年にデイヴィー・ジョーンズ名義でデビューシングルを発表後、デヴィッド・ボウイに改名。大島渚が監督した１９８３年公開の映画『戦場のメリークリスマス』には、英軍少佐のセリアズ役で出演。２０１６年に癌のため死去。享年69歳。

複数の国で規制された原因は乳首が透けて見える下着姿の女性

『COUNTRY LIFE』ROXY MUSIC
発売日：1974年11月15日

ブライアン・フェリー（ボーカル）とブライアン・イーノ（キーボード）を擁するロキシー・ミュージック。デビュー以降、本国イギリスでは一貫して高セールスを記録していた彼らのアルバムだが、全米チャートは200位にも届かず、あまり芳しくなかった。しかし4枚目のアルバム『COUNTRY LIFE』は、全米チャート37位と初のトップ40位入りを果たしている。同作がアメリカでもヒットしたのは、収録曲が優れていたからだけではない。ジャケット写真が物議を醸して話題になったことも、結果的に販売枚数の増加に繋がった。

オリジナルのジャケット写真は、乳首が透けて見える下着姿の女性と、乳首を手で隠している女性が並ぶ過激なものだ。問題視されたこの写真は、アメリカ盤とスペイン盤では左側の女性の顔を拡大したものに修正されている。また、その後のアメリカ盤とカナダ盤では、草木の写真に差し替えられた。ただし現在販売中のものは、全てオリジナルのジャケット写真が復活している。

一時は規制されたとはいえ、『COUNTRY LIFE』のジャケット写真は現在も非常に人気が高く、真似た写真を撮影する人も多い。ロボッツ・イン・ディスガイズのシングル『BOYS』に至っては、真似た写真をジャケット写真として使用している。

『COUNTRY LIFE』
（ISLAND RECORDS）

ロキシー・ミュージック
1972年、アルバム『ROXY MUSIC』でデビューしたイギリスのロックバンド。翌年にソロデビューも果たした、ブライアン・フェリーがボーカルを務める。キーボード担当のブライアン・イーノは、アンビエントミュージックの先駆者として、またWindows95の起動音の作曲者としても有名。

猥褻性が議論された結果浴室で絡む男女は半透明に……

『FORCE IT』UFO
発売日：1975年7月

1970年にデビューアルバム『UFO 1（邦題＝UFO登場）』を発表したUFOは、その翌年にセカンドアルバム『UFO 2 FLYING』を発表。しかし英米では、どちらもチャート圏外という結果に終わってしまう。

1973年になると、ギタリストとしてマイケル・シェンカーが加入。その後に発表されたサードアルバム『PHENOMENON（邦題＝現象）』から世界的な人気を獲得し始め、続くアルバム『FORCE IT』は全米チャート71位を記録した。

だが、少女の裸体写真を使用して議論を巻き起こしたレッド・ツェッペリンのアルバム『HOUSES OF THE HOLY（邦題＝聖なる館）』（1973年発売）と同様、デザイン集団・ヒプノシスが制作を担当した『FORCE IT』のジャケットは、今回も問題視されてしまう。浴室で半裸の男女が絡んでいたため、猥褻と判断されたのだ。その結果、アメリカやカナダ、スペインなどでは一時期、問題の男女を半透明に加工することで対処している。

当時、半透明になった人物の詳細は不明だった。しかし、1975年に結成されたイギリスのインダストリアルバンド、スロッビング・グリッスルのメンバーであるジェネシス・P・オリッジとコージー・ファニ・トゥッティであることが、後に明らかになっている。

『FORCE IT』(CHRYSALIS)

ユー・エフ・オー
1969年に結成されたイギリスのロックバンド。その翌年、デビューアルバム『UFO 1(邦題＝UFO登場)』を発表。1971年には初の来日公演を行っている。1973年からの5年間は、マイケル・シェンカー(ギター)が在籍していた。メンバー変更や解散、再結成を繰り返しながらも活動を継続しており、2017年9月には通算22枚目となるスタジオアルバム『THE SALENTINO CUTS』を発表。

性器だけを隠した少女の全裸写真は当然ながら即刻差し替え

『VIRGIN KILLER』SCORPIONS
発売日：1976年10月9日

ドイツ出身のバンドとしては、最も世界的な成功を収めたとも言えるスコーピオンズ。彼らが1976年に発表した4枚目のスタジオアルバム『VIRGIN KILLER（邦題＝狂熱の蠍団）』は、本国ドイツはもちろんのこと日本でも支持された初期の代表作だ。

現在流通しているCD版のジャケットには、メンバー5人の写真が使用されている同作。しかし当初流通していたレコード版のジャケットには、それとは全く異なる写真が使用されていた。砕けたガラスの割れ目で性器だけを隠した、わずか10歳の少女のヌード写真だ。そのインパクトは未だ語り草となっている。

当然ながら『ＶＩＲＧＩＮ　ＫＩＬＬＥＲ』の発売時、この写真は世界各国で議論を巻き起こした。アルバム名を端的に表現した見事な写真とも言える反面、児童に対する性的虐待も連想させる。問題視する声が上がるのも仕方がないだろう。

結局、一部の国を除いてジャケット写真は差し替えられた。その一部の国に含まれるのが日本だ。日本では１９９５年発売のＣＤ版まで、オリジナルのジャケット写真が使用されていた。しかし以降は、残念ながら日本盤もメンバーの写真に差し替えられている。そしてオリジナルのジャケット写真は、世界の表舞台から姿を消した。児童ポルノの厳罰化が進む時勢からして、今後オリジナルのジャケット写真が復活する可能性は低いだろう。

なお、スコーピオンズは『ＶＩＲＧＩＮ　ＫＩＬＬＥＲ』発売の前年、１９７５年に3枚目のスタジオアルバム『ＩＮ　ＴＲＡＮＣＥ（邦題＝復讐の蠍団）』を発表している。同作のジャケットには、当時スコーピオンズでリードギターを担当していたウルリッヒ・ロート（彼はスコーピオンズを脱退後、ウリ・ジョン・ロート名義で

『ＶＩＲＧＩＮ　ＫＩＬＬＥＲ』（ＲＣＡ　ＶＩＣＴＯＲ）

活動）の愛器、白色のストラトキャスターにまたがり、扇情的な表情を見せる女性の写真が使用された。

この写真をよく確認すると、女性の乳房が露わになっていることに気付く。そのためアメリカなど一部の国では、乳房周辺の明度を極端に下げ、乳房を隠す処置が取られた。ただし日本盤は、当時から現在に至るまで未修正のまま流通している。

1975年発売の『IN TRANCE』、そして1976年発売の『VIRGIN KILLER』と、連続で物議を醸したスコーピオンズ。その後も彼らが発表するアルバムは、問題視され続けてしまう。

1977年、スコーピオンズは5枚目のスタジオアルバム『TAKEN BY FORCE（邦題＝暴虐の蠍団）』を発表。前作『VIRGIN KILLER』と並ぶ名盤とされる同作のジャケットには、フランスにある軍人墓地で玩具の銃を構える、少年たちの写真を使用するはずだった。

戦争を知らない世代が興じる戦争ごっこを通して、戦争を批判したとも解釈できるその写真。見方によっては、戦争やテロルを推奨しているとも解釈できる。そんな事情もあり、不快感を示す人が大勢いたのだろう。そして結局は『VIRGIN KILLER』と同様、メンバー5人の写真に差し替えられてしまった。

ただし、ジャケット写真が差し替えられたのは欧米盤のみである。今回も日本盤は差し替えられることなく、当初の予定通り軍人墓地の写真が使用された。そのため欧米でも、日本盤を買い求める熱心なファンが多数いたようだ。

その後2015年になり、スコーピオンズの結成50周年を記念して、『TAKEN BY FORCE』を含む黄金期の8作品がデラックス盤となり再発売された。そのの『TAKEN BY FORCE』では、欧米盤のジャケットにも軍人墓地の写真が使用されている。

1979年、6枚目のスタジオアルバム『LOVEDRIVE』を発表したスコーピオンズ。同作はスコーピオンズ初の全米、全英の双方でチャートインするヒットを記録しており、世界進出を成功させたとも言えるアルバムだ。そのジャケットには、自動車の後部座席に座る男女の写真が使用された。

『LOVEDRIVE』（HARVEST）

しかし、やはりスコーピオンズである。もちろん単純な写真ではない。男性が女性の右胸に付着した粘着物を長く伸ばしている、非常に奇抜なものだ。しかも裏面に使用されている写真では、女性の左胸が完全に露出している。ただし大抵の人は、この程度の写真に猥褻性は感じないだろう。しかしアメリカなど一部の国では、一時期スコーピオンズのバンドロゴに蠍を配したイラストに差し替えられた。

1980年、スコーピオンズは7枚目のスタジオアルバム『ANIMAL MAGNETISM（邦題＝電獣）』を発表。同作のジャケット写真は、またもや論争の的になった。その写真は、男性を見上げる女性と彼女の横に座る犬を写したものだ。しかし裏面は、犬の配置が大きく異なる。犬の顔が男性の股間で隠れているため、犬に口淫をさせているようにも見えるのだ。その結果、アメリカなど一部の国では、裏面にも表面と全く同じ写真が使用されることになった。

8枚目のスタジオアルバム『BLACKOUT（邦題＝蠍魔宮）』は特に問題視されなかったものの、スコーピオンズはそのままでは終わらなかった。1984年に発売された9枚目のスタジオアルバム『LOVE AT FIRST STING（邦題＝禁断の刺青）』のジャケット写真で、やはり議論を巻き起こしたのだ。

半裸の女性と抱き合いながら、彼女の太ももに入れ墨を彫る男性を写したその写真は、確かに扇情的である。そのためアルバムの発売後すぐに、アメリカの一部の販売店から苦情が届いた。結果、ジャケットにメンバー写真を使用した差し替え版も制作されることになり、苦情を入れた販売店は差し替え版を販売している。

50年以上に及ぶキャリアの中で、何度もジャケット写真を差し替えているスコーピオンズ。彼らは欧米の規制の厳しさを認識させてくれる。

スコーピオンズ

1965年に結成されたドイツを代表するロックバンド。1972年にアルバム『LONESOME CROW（邦題＝恐怖の蠍団）』でデビュー。中心メンバーでありギターを担当しているルドルフ・シェンカーは、マイケル・シェンカーの実兄。一時はマイケル・シェンカーもスコーピオンズに在籍していたが、デビューアルバムの発売後、UFOに移籍した。1991年発売のシングル『WIND OF CHANGE』は、全英チャート2位、全米チャート4位を記録したスコーピオンズ最大のヒット曲。2010年に解散を発表するも後に撤回、現在も活動を継続している。

鉤十字などを隠すため多数の検閲済みマークを配置

『THE THIRD REICH'N ROLL』THE RESIDENTS
発売日：1976年2月

目玉おやじを思わせる目玉型マスクを常に被り、現在に至っても正体を明かさない匿名の音楽グループ、ザ・レジデンツ。彼らが1976年に発表したアルバム『THE THIRD REICH'N ROLL』は、ドアーズの『LIGHT MY FIRE（邦題＝ハートに火をつけて）』やウィルソン・ピケットの『LAND OF A THOUSAND DANCES（邦題＝ダンス天国）』、ザ・ビートルズの『HEY JUDE』など名曲の数々を、皮肉的に繋ぎ合わせた前衛的な内容だ。

アルバム名にある「THIRD REICH」は「第三帝国」を意味しており、アドルフ・ヒトラーが党首を務めた国家社会主義ドイツ労働者党（通称・ナチス）の統治下にあるドイツを指す。ジャケットに使用されているイラストもナチスをイメージしたものであり、ヒトラーに似た男性や多数の鉤十字が描かれている。

しかし鉤十字は、反ユダヤ主義などの悪政を敷いたナチスの党章だ（1935年から1945年まではドイツ国旗としても使用）。第二次世界大戦後のドイツでは、公共の場所での展示が禁止されている。そんな鉤十字を無数に描いたイラストを使用していては、アルバムをドイツで販売することはできない。そのため問題ある箇所を「CENSORED！（検閲済み）」のマークで隠した修正盤を、2500枚のみ制作。修正盤のジャケットには、同マークが計17箇所に配置されている。

『THE THIRD REICH'N ROLL』（RALPH RECORDS）

ザ・レジデンツ
1970年代の初頭、本格的に活動を開始した前衛音楽グループ。所属するメンバーは全て不明。人前に出る際には、タキシードを着用したうえでシルクハット付きの目玉型マスクを被り素顔を隠す。その目玉型マスクが盗まれた際は、頭蓋骨型マスクを被っていた。

エリザベス女王の即位25周年に湧く中不敬的な歌詞が議論を呼ぶ

『GOD SAVE THE QUEEN』SEX PISTOLS
発売日：1977年5月27日／作詞・作曲：ジョニー・ロットン、スティーヴ・ジョーンズ、グレン・マトロック、ポール・クック

1976年、セックス・ピストルズはデビューシングル『ANARCHY IN THE U.K.』を発表。しかしテレビに出演した際、放送禁止用語を叫んだために問題となる。その結果、イギリスの公共放送局・BBCは同曲の放送を禁止した。さらに全英ツアーの大半も中止になってしまう。

翌年、彼らはセカンドシングルである『GOD SAVE THE QUEEN』を発表した。しかし同曲も騒動の原因になる。1977年のイギリスは、エリザベス女王の即位25周年に湧いていた。そんな年に放送禁止の前例があるセックス・ピストルズが、イギリス国歌と同じ曲名のシングルを発表したのだから、多少の物議を醸して

しまうのも無理はないだろう。

しかも同曲の歌詞は、エリザベス女王を徹底的に茶化す非常に過激な内容だ。その結果、BBCは『ANARCHY IN THE U.K.』に続いて『GOD SAVE THE QUEEN』も放送禁止にする措置を取った。また、複数のレコード店が同曲の販売を拒否したという。

それから25年後の2002年、エリザベス女王が即位50周年を迎えた年に、彼らは『GOD SAVE THE QUEEN』を再発売した。さらに2006年、ロックの殿堂入りが決定した際、ジョニー・ロットン（ボーカル）は「ロックの殿堂なんて小便の染みだ」との声明を発表、受賞を拒否している。セックス・ピストルズの反体制的な姿勢は、昔も今も全く変わらない。

セックス・ピストルズ
1975年、洋服店を経営するマルコム・マクラーレンが仕掛け人となり結成された、イギリスのパンク・ロックバンド。1977年には、グレン・マトロックの後任ベーシストとしてシド・ヴィシャス（1979年にヘロインの過剰摂取で死去）が加入。1978年の全米ツアー中、ボーカル担当のジョニー・ロットンが突然脱退しバンドは解散状態となった。1996年の再結成後は、オリジナルメンバーで断続的に活動している。

新アルバム発売の数日後にメンバーが搭乗する飛行機が墜落

『STREET SURVIVORS』LYNYRD SKYNYRD
発売日：1977年10月17日

1973年のデビュー後、発表した4枚のスタジオアルバムを全て全米チャートの上位に送り込むなど、世界的な成功を手中に収めていたレーナード・スキナード。彼らの前途は明るいものだと誰もが思っていた。しかし1977年10月20日、運命は大きく狂ってしまう。

その日、ライブツアーに出ていた彼らはチャーターした飛行機で移動していた。フライトも終わりに近付いた頃、その飛行機の燃料が尽きてしまう。操縦士は緊急着陸を試みるも、やがてミシシッピ州の森林に墜落。ボーカル担当のロニー・ヴァン・ザントやギター担当のスティーヴ・ゲインズなど、主要メンバーを含む6人が死亡するという悲劇に見舞われた。

くしくも、その飛行機事故の3日前に発売されたアルバム『STREET SURVIVORS』のジャケットに使用されていたのは、炎に包まれた街中に並ぶメンバーの写真である。事故を連想させるその写真は、遺族の要求もあり、一時期は単純なメンバー写真に差し替えられた。

主要メンバーを失ったレーナード・スキナードは、残念ながら解散に追い込まれてしまう。しかし1987年、亡くなったロニーの実弟・ジョニーをボーカルに据えて、見事に再結成を果たした。

『STREET SURVIVORS』（MCA RECORDS）

レーナード・スキナード
1964年に結成されたアメリカのサザン・ロックバンド。1973年発売のデビューアルバムには、彼らの代表曲である『FREE BIRD』が収録されている。1977年、主要メンバーの事故死により解散するも、10年後に再結成。2006年にはロックの殿堂入りを果たしている。

公共放送局が放送を拒否した男性同性愛者に贈る賛歌

『GLAD TO BE GAY』TOM ROBINSON BAND

発売日：1978年2月

セックス・ピストルズのライブを見たトム・ロビンソンは、彼らに触発されて、自身が中心となりトム・ロビンソン・バンドを結成した。1977年にデビューシングルとなる『2-4-6-8 MOTORWAY』を発表すると、いきなり全英シングルチャート5位のヒットを記録する。その勢いに乗り、翌年、彼らは4曲入りのライブ盤『RISING FREE……』を発表。しかしその収録曲『GLAD TO BE GAY』は、イギリスの公共放送局・BBCで放送を拒否されてしまう。

そもそもトム・ロビンソンは、自身がゲイであることを公表していた。そして『GLAD TO BE GAY』は同性愛者の権利解放を求めるイベント、ゲイ・プライド・マーチ用に書かれた曲だ。しかし「SING IF YOU'RE GLAD TO BE GAY（ゲイであることが嬉しいなら歌おう）」というストレートな歌詞は、同性愛者に偏見を持つ人も多数いた1970年代の後半、放送禁止の原因になってしまった。

ちなみにトム・ロビンソンは、1990年に女性と結婚。彼女との間に2人の子供を儲けたことから世間を混乱させた。どうやら彼は、ゲイではなくバイセクシュアルだったようだ。

収録EP『RISING FREE……』（EMI）

トム・ロビンソン・バンド

1976年、トム・ロビンソンを中心に結成されたイギリスのロックバンド。1977年にデビューシングル『2-4-6-8 MOTORWAY』を発表すると、全英シングルチャート5位という大ヒットを記録した。しかし1979年、不仲によりバンドは解散。なおトム・ロビンソンは、その翌年に新バンドのヤクター27を結成するも売れずに解散。以降はソロで音楽活動を続けている。

音楽番組に出演する際歌詞の変更を要請されるも拒否

『AT HOME HE'S A TOURIST』GANG OF FOUR
発売日：1979年／作詞・作曲：ギャング・オブ・フォー

1979年、ギャング・オブ・フォーはメジャー移籍後初のシングル『AT HOME HE'S A TOURIST』を発表。イギリスの公共放送局・BBCが制作する生放送の音楽番組『TOP OF THE POPS』に出演して、同曲を披露することになる。しかし放送の直前、BBCは歌詞を変更するよう求めた。

BBCが問題視したのは「RUBBERS」という単語だ。この単語は「ゴム」や「消しゴム」だけではなく「コンドーム」とも訳せる。それを「RUBBISH（ゴミ）」に変更させようとしたのだ。しかしバンド側は、その要請を拒否。出番の数分前に出演を辞退した。まさにパンクな姿勢である。

数年後、ギャング・オブ・フォーは再びＢＢＣに目を付けられてしまう。１９８２年、彼らはシングル『Ｉ ＬＯＶＥ Ａ ＭＡＮ ＩＮ ＵＮＩＦＯＲＭ』を発表した。それと同時期、イギリスとアルゼンチンの間でフォークランド諸島の領有権を巡る戦争が勃発。約２カ月半にわたったこの戦争は、イギリス軍が同島を奪還して終結したが、両国には多数の死傷者が発生してしまう。

『Ｉ ＬＯＶＥ Ａ ＭＡＮ ＩＮ ＵＮＩＦＯＲＭ』は軍籍に入る男性を歌っていたため、戦時下には相応しくないと判断されたようだ。開戦と同時に、ＢＢＣは同曲の放送を禁止している。

収録アルバム『ＥＮＴＥＲＴＡＩＮＭＥＮＴ！』（ＥＭＩ）

ギャング・オブ・フォー
１９７７年に結成されたイギリスのポストパンク・バンド。社会や政治に対する批判を込めた歌詞は幾度も問題視されたが、その一方で多くの支持も得ている。１９７８年にシングル『ＤＡＭＡＧＥＤ ＧＯＯＤＳ』でデビューを果たす。同曲を収録した１９７９年発売のファーストアルバム『ＥＮＴＥＲＴＡＩＮＭＥＮＴ！』は、現在も高く評価される名盤。１９８３年に解散したが、以降も断続的に活動している。

挑発的な歌詞が問題視された障害者自身が障害者について歌った曲

『SPASTICUS AUTISTICUS』IAN DURY
発売日：1981年／作詞・作曲：イアン・デューリー、チャズ・ジャンケル

国際連合は障害者の社会参加や権利の保護などを目指して、1981年を国際障害者年に指定した。そのテーマソングの制作を、国際連合児童基金（ユニセフ）はイアン・デューリーに依頼。幼い頃に患った小児麻痺により、左半身に障害が残りながらもロックミュージシャンとして活動する彼は、まさしく適任だろう。

そしてデューリーは『SPASTICUS AUTISTICUS』を制作。同曲の歌詞は「I'M SPASTICUS AUTISTICUS（俺は脳性麻痺で自閉症だ）」と繰り返される。なお「SPASTICUS」とは「SPASTIC（脳性麻痺）」と「SPARTACUS（スパルタクス）」を組み合わせた造語だ。スパルタク

スは紀元前73年から紀元前71年にかけて、共和制ローマに反乱を起こした奴隷軍の指導者である。つまり同曲は、健常者に反旗を翻す障害者を歌ったものだ。

そんな挑発的な歌詞が問題視された結果、国際連合児童基金は『ＳＰＡＳＴＩＣＵＳ ＡＵＴＩＳＴＩＣＵＳ』を不採用にした。また、イギリスの公共放送局・ＢＢＣでは放送禁止の措置が取られている。

それから30年以上が経過した２０１２年、デューリーの出身地であるロンドンで第14回夏季パラリンピックが開催された。その開会式では、以前は否定的に受け取られた『ＳＰＡＳＴＩＣＵＳ ＡＵＴＩＳＴＩＣＵＳ』が演奏されている。

『ＳＰＡＳＴＩＣＵＳ ＡＵＴＩＳＴＩＣＵＳ』（ＰＯＬＹＤＯＲ）

イアン・デューリー
１９４２年、イギリスで生まれたロックミュージシャン。１９７８年、イアン・デューリー＆ザ・ブロックヘッズ名義で発表したシングル『ＨＩＴ ＭＥ ＷＩＴＨ ＹＯＵＲ ＲＨＹＴＨＭ ＳＴＩＣＫ』は、全英チャート1位を記録した。２０００年、癌により死去（享年57歳）。

小児性愛の疑惑が再燃 マイケル・ジャクソンが消滅する日

マイケル・ジャクソンの人生はゴシップだらけだった。その中でも特にネガティブなネタが、児童に対する性的虐待疑惑である。自らの楽園・ネバーランドに集めた児童たちに、異常な行為を繰り返していたというものだ。

10歳の頃からアメリカのショービジネス界で暮らすスーパースターが、常人と同じ感覚のはずはないのだが、マスコミはマイケルの異常性をやたらと強調、増幅するようなネタをどこからか探してきては面白半分に伝えた。「声を高くするために睾丸を摘出している」というネタがあったかと思えば、隠し子疑惑も常にある。すでにこの時点でいろいろと矛盾しているのだが、それでもネタが尽きることはなかった。彼のゴシップは必ずウケる鉄板ネタだったからである。

とはいえ、マイケルの言動は非常に奇矯なものではあった。ペットはチンパンジーのバブルス君、そして象のような容姿をしているエレファント・マンの遺骨の購入計画、酸素吸入器付きの棺の中で寝ているという話や、エルビス・プレスリーの娘であるリサ・マリー・プレスリーとの結婚など。彼は児童性的虐待疑惑の裁判中もファンサービスを欠かさず、やること全てがトップニュースとなった。「変人」を意味する「ワッコー」に絡めて「ワッコー・ジャッコー」という別称も授かった。

そんなマイケルだったから、児童性的虐待疑惑が持ち上がった際も、さほど深刻な問題にはならなかった。当時は児童性的虐待に対する問題意識も今ほど高くなく、そして何より、マイケル自身が疑惑を否定していたためである。

疑惑の概要を追ってみよう。事件が起きたのは1993年。まさに彼がデンジャラス・ワールド・ツアーで世界中を飛び回っていた頃である。マイケルと仲の良かった13歳の少年、ジョーディ・チャンドラーが「彼から性的虐待を受けていた」と父親のエヴァンに告白し、相談を受けた精神科医が児童福祉局に報告。それを受けた警察はネバーランドをはじめ、ロサンゼルスにあるマイケルの自宅マンションなどを家宅捜索した。そしてこの事件は、世界中に報道されるビッグニュースとなる。

ジョーディの証言によれば、マイケルが目の前でマスターベーションをしたり、マイケルにペニスを愛撫されオーラルセックスをしたという。

ジョーディはもともとマイケルのファンで、1984年にマイケルがペプシ・コーラのCM撮影中に大火傷を負った際、お見舞いの手紙を送ったのを縁に家族ぐるみの交際が始まった。マイケルの元を家族で訪ねた時は、ジョーディはマイケルの部屋で一夜を明かすこともあり、寝室には常に多くの少年がいたと言われる。

2005年には、元マイケル邸警備員のラルフ・チェイコンが、ジョーディの性的虐待現場を目撃したと名乗り出た。ところがラルフは、家賃の支払いにも困るほど経済的に困窮しており、騒動に乗じて大金をせしめようとしたことが裁判で明らかとなる。結局、彼には逆に賠償金の支払いが命じられた。

その後、ジョーディに対する虐待疑惑は、全て父のエヴァンが書いた筋書きだったことが判明。エヴァンは元歯科医の脚本家志望で、薬物的な知識もあり、アミタールと呼ばれる催眠鎮静剤をジョーディに投与して虚偽の記憶を作り出したという。要はエヴァンも、マイケルから大金をせしめる計画を立てていたのだ。

後にマイケルの弁護団は「検察は最初から有罪と決め付け、内容が事実かどうか十分に検証せず、メディアはあらゆる卑劣な手段を使って性的虐待が事実だったと書き立てた」と非難している。

捜査開始から5カ月後の1994年1月、マイケルはジョーディに対して「性的虐待をしたことを認めない」という確認書を交わし、マイケル側から推定約21億円という多額の和解金が支払われ騒動は終結した。マイケルにとってこの騒動は、早く終わらせたい嫌な時間でしかなかったのだ。ツアーもストップし、マイケル自身も精神的に大きなダメージを追い疲弊しきっていた。疑惑は一応は晴れた格好だったが、謎は残る。なぜ21億円もの大金を支払う必要があったのか。

2005年に持ち上がった児童性的虐待疑惑で再びマイケルは逮捕され、事件は法廷に持ち込まれた。すでに全世界で有罪のごとく報道されていたが、検察側は証拠らしい証拠を提出できず、公判を維持することすら難しいありさまだった。前回の暴走を反省したのかメディアの報道も控えめで、裁判は人種差別の問題がクローズアップされる。それに加えて同性愛者や少年愛者が声を上げ、マイケルのファンも大挙して応援に駆け付けた。前回とは異なる異常な盛り上がりに対して、当のマイケルだけはひたすら疲弊していった。

結局、マイケルは全てにおいて無罪が認められた。

マイケルの死から10年後の2019年、彼による性的虐待を告発するドキュメンタリー映画『ネバーランドにさよならを』が公開された。少年時代、マイケルから性的虐待を受けたと告発したのは、ジェームズ・セイフチャックとウェイド・ロブソンの2人である。彼らの証言は、いずれも過去に騒動になったものとほぼ同じだが、具体的でやたらと生々しい。

「ベッドの上で四つんばいにさせて、マイケルはそれを見ながらマスターベーションをした。肛門に舌を入れることもあった」「オーラルセックスをして、自分にもするよう言った。邸内のあちこちで性的行為を行った」

なお、彼らは過去の裁判で、マイケルの弁護側証人として「虐待はなかった」と証言していた。もちろんマイケル側は「金目当ての売名行為だ」と否定しているが、アメリカやイギリスでは、マイケルの曲を放送禁止にするラジオ局が相次いでいる。キング・オブ・ポップの称号は果たして……。

冷戦時のソ連と放送禁止

第二次世界大戦の終結後、アメリカを中心とする資本主義・自由主義陣営（西側諸国）と、ソビエト社会主義共和国連邦（以下、ソ連）を中心とする共産主義・社会主義陣営（東側諸国）は、国際的に対立した。それは武力に頼るものではなく、経済や外交などを使用した抗争であるため冷戦と呼ばれている。

世界を二分した冷戦の影響は、映画や音楽など文化面にも及ぶ。ただしソ連は、そもそも最高指導者を務めるヨシフ・スターリンが思想を統制していたため、冷戦以前から西側諸国の音楽は非常に厳しく規制されていた。第二次世界大戦の終結後もその体制は解消されず、ソ連の文化的な鎖国状態は継続する。

しかし、戦地で西側諸国の音楽に触れたソ連兵の中には、帰国後もそれらを聴くため密かにレコードを入手する人がいた。もちろん西側諸国のレコードは禁制品であるため、所持していることが見付かれば処罰されてしまう。とはいえ、刑務所や強制労働所に送られることを覚悟しながら、そのレコードを原盤にして海賊盤を製作する人までいた。

ただし当時は、まだカセットテープやCDなど気軽に録音できるメディアは存在しない。海賊盤を製作するためには、未録音のレコードを用意する必要があった。しかし、それも入手困難である。そのため彼らは、安価で入手可能な使用済みのレントゲンフィルムをレコードの代用品とした。

見知らぬ誰かの骨が写るレントゲンフィルムを円形に切り取り、それに西側諸国の音楽を録音。俗に肋骨レコードと呼ばれるその海賊盤は、もちろん音質は悪かったものの、冷戦時のソ連では数百万枚も流通したという。危険を冒してでも官製のレコード以外を聴こうとした人が、思想統制下にあるソ連にも大勢いたのだ。

冷戦時のソ連では、当然ながらテレビやラジオでも西側諸国の音楽は規制されていた。そんな状況は1960年代以降、ロックやパンクなどが隆盛に向かってからも基本的には変化していない。当時、ロックやパンクなどは「帝国主義者による侵略的な音楽」というレッテルを貼られていたのである。

それでもザ・ビートルズやザ・ローリング・ストーンズは、ソ連に住む若者たちのアイドルだった。もちろんソ連の放送局は、彼らの音楽を流すことはない。そのためイギリスの公共放送局・ＢＢＣなど他国のラジオ電波を受信するなどして、彼らの音楽に触れていたのだ。

１９７０年代の後半になると、海賊盤は肋骨レコードのほかカセットテープでも流通し始める。しかし、そのカセットテープは何度もダビングを繰り返したものであるため、やはり音質は悪かったようだ。なお、それらの海賊盤を入手後、個人でラジオ電波を発信してロックやパンクなどを放送する人もいたという。とはいえ電波は微弱なので、遠くまで放送を届けることはできないが。

そんな抑圧されていた１９８５年、ソ連の若手共産党員が「思想的に有害な曲を演奏する海外のアーティスト」というリストを作成。それは共産党員や関係者に配布されている。当時のソ連は共産党による一党独裁制が敷かれており、共産党員は国や社会を指導する立場にあった。その彼らが特定のアーティストを有害視するということは、非常に大きな意味を持っている。実際、そのリストに掲載されているアーティストの曲は、ラジオでは放送を禁止されたという。

以下はそのリストに掲載されているアーティストの中から、一部を抜粋したものである。括弧内は有害と判断された理由だ。

10cc（ネオファシズム的）
AC／DC（ネオファシズム的・暴力的）
UFO（暴力的）
アイアン・メイデン（暴力的）
アリス・クーパー（破壊的・暴力的）
ヴァン・ヘイレン（反ソ連的）
ヴィレッジ・ピープル（暴力的）
キッス（国粋主義的・暴力的）
クロークス（個人崇拝的・暴力的）
ザ・クラッシュ（パンク的・暴力的）
ジューダス・プリースト（反共産主義的・人種差別的）
ジンギスカン（反共産主義的・国粋主義的）

スコーピオンズ（暴力的）
セックス・ピストルズ（パンク的・暴力的）
ティナ・ターナー（性的）
トーキング・ヘッズ（ソ連軍を危険視）
ドナ・サマー（性的）
ナザレス（神秘主義的・加虐的・暴力的）
ピンク・フロイド（ソ連の外交政策を妨害）
ブラック・サバス（蒙昧主義的・暴力的）
フリオ・イグレシアス（ネオファシズム的）
マッドネス（パンク的・暴力的）
ヤズー（パンク的・暴力的）
ラモーンズ（パンク的）

アメリカやイギリスを中心に多くの国のアーティストが掲載されているが、彼らはいずれも西側諸国もしくは中立国に属する。冷戦時における東西の対立構造は、流行歌にも影響を及ぼしていたのだ。

曲名が明記されていないため詳細に関しては不明な点も多いが、基本的にはロックやパンクを有害視していたようである。ただ、セックス・ピストルズやラモーンズを「パンク的」と判断するのはまだ理解できるものの、シンセポップ・バンドのヤズーまで同様の理由で有害視するのは、さすがに疑問を感じてしまう。フリオ・イグレシアスに至っては「ネオファシズム的」である。一体どの曲を聴いて、そう判断したのだろうか。

このリストに掲載されているアーティストは規制の対象になったが、それは同時に海賊盤の製作を促すことにもつながった。彼らの曲は肋骨レコードやカセットテープに録音されて、それまで以上に闇で流通していくのだ。当時の若者たちがロックやパンクを好むのは、西側諸国も東側諸国も同じなのである。

１９８０年代の後半になると、ソ連の国民は民主化を強く求め始める。ミハイル・ゴルバチョフ政権下でペレストロイカ（改革）が推進されたこともあり、１９９０年には複数政党制の導入が決定。共産党による一党独裁制は廃止された。

そして1991年に共産党は解党する。同年12月には、ロシア共和国などそれまで連邦を構成していた各共和国が独立。同月25日、ゴルバチョフの大統領辞任に伴ってソ連は崩壊した。つまり40年以上も続いていた冷戦は、西側諸国の勝利に終わったことになる。

なお、ソ連の崩壊と同日、ソ連の中核を形成していたロシア共和国に代わってロシア連邦が成立。ようやく文化的な鎖国状態から解放された同国では、ソ連時代には規制されていた西側諸国のロックやパンクも自由に聴けるようになった。もう規制とは無縁なのだろうか。

2011年、かつてソ連を構成していたベラルーシ共和国で、『Мы ждем перемен（変革の意）』という曲が放送禁止になった。同曲はソ連出身のロックバンド・キノーで、ボーカルを担当していたヴィクトル・ツォイが制作したものだ。当時、財政危機に陥ったベラルーシ共和国内では、ルカシェンコ大統領が敷く強権体制を批判する人が多く、抗議デモも頻発していた。そんな状況下で、変革をテーマにする『Мы ждем перемен』は問題視されたのだ。

なお、ヴィクトル・ツォイは1990年に28歳で交通事故死した。しかし、その後もベラルーシ共和国やロシア連邦などでは人気を誇っている。

そのほか、2012年のロシア連邦では、同国出身の女性パンク・ロックバンドであるプッシー・ライオットのメンバーが逮捕された。大統領選挙を翌月に控えた時期に、ウラジーミル・プーチンの再選に反対するメッセージを込めた無許可の即興演奏を、モスクワにある大聖堂で行ったためだ。

国内外の多数のミュージシャンが彼女たちの支持を表明したものの、逮捕された3人のうち2人には実刑判決が下されている。音楽という平和的な手段による政治批判も、ロシア連邦では許されないのだ。

反政府的な印象を与える曲を規制するのは、ソ連時代もソ連の崩壊後も大差ないのかもしれない。

後書き

自主規制の自縛から逃れられないのなら
そんな悩みとは無縁の自由な地を探せばいい。
エンターテインメントという場所は無限に広がり
そのどこかで、放送禁止作品の封印は
徐々に解けようとしている。
そこに新たなコンテンツの可能性が
残されているのではないだろうか。

主要参考文献

『キネマ旬報』（キネマ旬報社）
『シナリオ』（シナリオ作家協会）
『映画秘宝』（洋泉社）
『文化評論』（新日本出版社）
『知られざる放送 この黒い現実を告発する』波野拓郎著（現代書房）
『日本特撮・幻想映画全集』（勁文社）
『テレビドラマ全史 1953〜1994』（東京ニュース通信社）
『差別表現の検証 マスメディアの現場から』西尾秀和著（講談社）
『改訂版 実例・差別表現』堀田貢得著（ソフトバンククリエイティブ）
『マスコミと差別語問題』磯村英一・福岡安則編（明石書店）
『テレビの嘘を見破る』今野勉著（新潮社）
『本当はこんな歌』町山智浩著（アスキー・メディアワークス）

鉄人文庫

放送禁止 ザ・タブー

山下浩一朗＋左文字右京［編］

執筆者＝石橋春海・植地毅・春日部一・氷室健一ほか

2020年3月16日　第1刷発行

発行人＝稲村 貴

編集人＝平林和史

発行所＝株式会社鉄人社
〒102-0074
東京都千代田区九段南3-4-5
フタバ九段ビル4階
TEL＝03-5214-5971
FAX＝03-5214-5972
http://tetsujinsya.co.jp/

デザイン＝山下浩一朗

印刷・製本＝新灯印刷株式会社

ISBN978-4-86537-184-0 C0176